U0873213

职业教育“十三五”规划教材

电工电子技术基础

主　编　陈晓红　孙文波　张贵良

副主编　关　悦　李　楠　付科研

参　编　于雪婷　孟庆洁

主　审　辜红兵　武新杰

西南交通大学出版社

·成　都·

图书在版编目（C I P）数据

电工电子技术基础 / 陈晓红，孙文波，张贵良主编
．—成都：西南交通大学出版社，2019.8（2023.2 重印）
职业教育“十三五”规划教材
ISBN 978-7-5643-7064-0

Ⅰ．①电… Ⅱ．①陈… ②孙… ③张… Ⅲ．①电工技术 – 中等专业学校 – 教材②电子技术 – 中等专业学校 – 教材 Ⅳ．①TM②TN

中国版本图书馆 CIP 数据核字（2019）第 178936 号

职业教育“十三五”规划教材

Diangong Dianzi Jishu Jichu

电工电子技术基础

主编 陈晓红 孙文波 张贵良

责任编辑 张文越
封面设计 何东琳设计工作室

出版发行 西南交通大学出版社
（四川省成都市金牛区二环路北一段 111 号
西南交通大学创新大厦 21 楼）
邮政编码 610031
发行部电话 028-87600564 028-87600533
网址 http://www.xnjdcbs.com
印刷 成都蜀雅印务有限公司

成品尺寸 185 mm×260 mm
印张 12.5
字数 267 千
版次 2019 年 8 月第 1 版
印次 2023 年 2 月第 3 次
书号 ISBN 978-7-5643-7064-0
定价 36.00 元

课件咨询电话：028-87600533
图书如有印装质量问题 本社负责退换

前　言

本书参照教育部颁布的中等职业学校电工基础教学大纲，以及有关的职业资格标准或行业职业技能鉴定标准，在保留 2001 年出版的中等职业教育国家规划教材《电工基础》编写风格的基础上，结合近几年中等职业教育的实际教学情况，努力体现以全面素质教育为基础、以就业为导向、以职业能力为本位、以学生为主体的职教改革思想，其主要任务是为学生学习专业知识和从事工程技术工作打下电工与电子技术方面的理论基础，并在电工电子仪器、仪表的使用，基本电路的连接、测量等技能训练方面进行强化培训。

本书采用项目式编写结构，内容安排由浅入深，通俗易懂，突出应用。本书可作为中等职业学校电子技术应用、电子电器及电工类专业电工基础课程教材，也可作为公司在职员工的岗位培训教材。

本书在编写过程中，全面贯彻教育部新一轮中等职业教育教学改革的精神，努力体现以下特色：

（1）以应用为主线，加强技能训练，培养学生进行岗位对接的职业能力。

（2）以任务驱动法的方式进行编写。在每个任务中安排“任务导航”“知识加油站”“知识拓展”“任务反馈”和“知识接力”五个模块，将知识点融于操作过程中，实现“做中学”和“学中做”，使学生在认识和操作的过程中掌握理论知识，并在每个任务中明确学习目标及学习要点，以便于探究性学习的开展和实施。

（3）每个任务后附有知识接力练习题，便于实施以基础考核为主的过程化考核方式，将能力培养贯彻始终。

（4）生动活泼的教学版面。版面设计力求图文并茂、生动活泼，较多的以图表形式形象、直观地呈现教学内容。

本书由齐齐哈尔技师学院组织编写，共分为五个项目。由于编者水平有限，以及编写体系、结构仍属尝试中，书中疏漏与不足之处在所难免，恳请读者提出宝贵意见。

编　者

2019 年 5 月

目　录

项目 1　直流电路

在生产、生活中，用直流电源供电的电路就是直流电路，如人们常见的手电筒、电动玩具、电动自行车、汽车电气电路都用到了直流电路。直流电路的基本概念和基本分析方法是研究电路的基础，也是学习其他专业课程的基础。

本单元将学习安全用电常识、电路、电路中的基本物理量、直流电压与电流的测量、电阻的测量与连接、常用电池及其应用、万用表的基本操作、欧姆定律和基尔霍夫定律等。为使教学内容贴近生产生活实际并与未来工作岗位对接，教学中应把实践操作性强、应用性强的内容，如“电阻的识别与连接”“直流电压与电流的测量”等作为本单元的核心；为使教学过程尽可能提高学生解决实际电工问题的能力，教学中可以通过“搭接小电路”等设置一些教学环境与载体，并为后续的学习内容做好准备。

任务 1.1　认识电工实训室及安全用电

知识与技能

（1）认识交、直流电源，电工基本仪器仪表及常用电工工具。

（2）明确电工实验实训室操作规程，树立规范操作职业意识。

（3）知道安全电压级别、人体触电的类型及常见原因。

（4）了解防止触电的常用保护措施、触电现场的正确处理方法及电气火灾的防范与扑救。

（5）培养学生对常用电工工具的使用能力。

（6）提高学生的安全用电能力、触电急救能力、电气灭火能力。

1.1.1　认识电工实验实训室

任务导航

刘梅是某企业的实习电工，她学习马马虎虎，可还觉得自己知道得挺多，于是师傅决定考考她究竟知道多少。师傅问道：“你知道多少安以上的电流，被称为致命电流吗？”

刘梅想了想说："大约 200 mA 吧。"师傅又问："在金属压力容器中照明，应使用什么灯具？""这个我当然知道了，应使用高度大的普通照明灯。"师傅问："那你觉得照明电路的保护线上应不应该装熔断器呢？"刘梅说："当然不用了，因为这会浪费嘛。"师傅又问刘梅："在电路中，电流互感器和电压互感器副边都可以开路运行吗？"刘梅大大咧咧地说："都可以啊。"刘梅的说法哪些是错误的？正确的说法是什么？这些问题都是我们在电工学习过程中将要重点学习的。下面通过认识电工实训室来开始我们的学习。

知识加油站

走进电工实验实训室，将会看到如图 1-1-1 所示的电工实验实训操作台，一般的电工实验实训操作都可以在操作台上完成。不同的学校，操作台型号可能会有所不同，但其配置与功能基本相同。

（a）实训台近景　　（b）实训台远景

图 1-1-1　电工实验实训操作台

一、电工实验实训室电源配置

电源是为电路提供电能的装置，一般的电工实验实训室都配有多组电源，用来满足不同的电工实验实训需要。电源通常有直流和交流两大类：直流用字母"DC"或符号"⎓"表示；交流用字母"AC"或符号"～"表示。

电工实验实训室的电源配置通常有以下几种：

（1）两组可调直流稳压电源输出，如图 1-1-2 所示。可输出电压在 0～24 V、电流在 0～2 A。

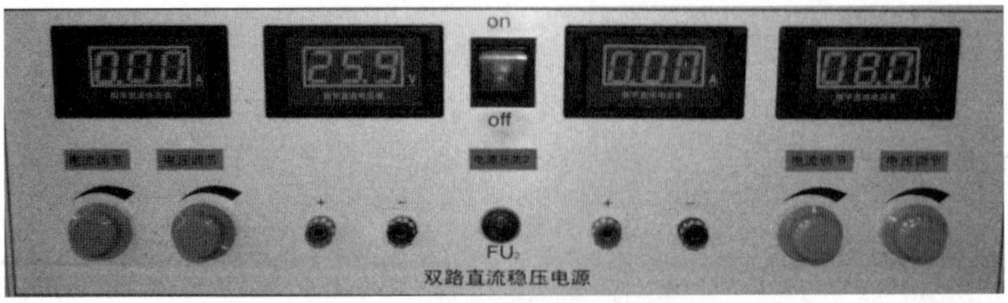

图 1-1-2　双路直流稳压电源

（2）3 ~ 24 V 多挡低压交流电源输出，如图 1-1-3 所示。可输出 3 V、6 V、9 V、12 V、15 V、18 V 和 24 V 等多挡位的交流电，频率为 50 Hz。

（3）单相交流电源输出，如图 1-1-4 所示。可输出 220 V、50 Hz 的交流电。

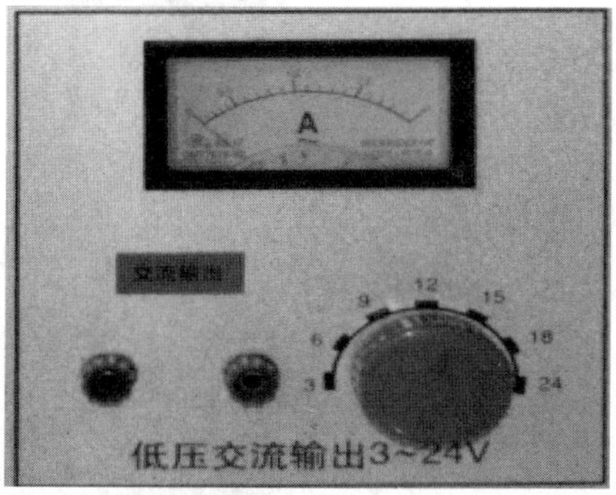

图 1-1-3　3 ~ 24 V 多挡低压交流电源输出

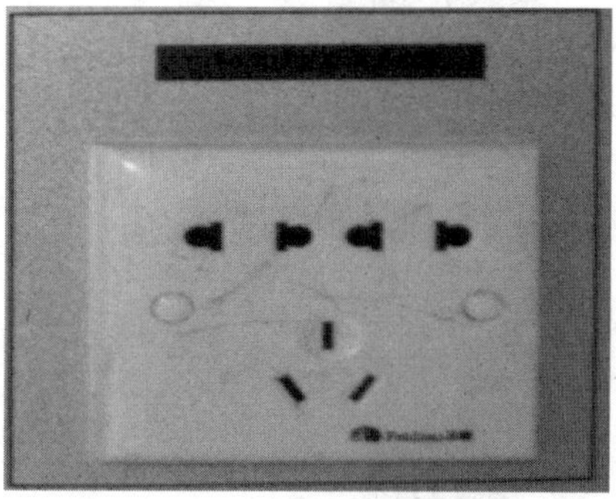

图 1-1-4　单相交流电源输出

（4）直流 5 V TTL 电源，如图 1-1-5 示。可输出电压为 5 V、最大电流为 0.5 A 的直流电压，是 TTL 集成电路的专用电源。

（5）三相交流电源输出，如图 1-1-6 所示。三相交流电源除了能提供三相交流电以外，还可以提供两种电压：线电压（380 V、50 Hz）和相电压（220 V、50 Hz）。除此之外，还有 0 ~ 240 V、2 A 可调交流电源，电子技术中经常用到的脉冲信号源、正弦波信号源、方波信号源、三角波信号源等。

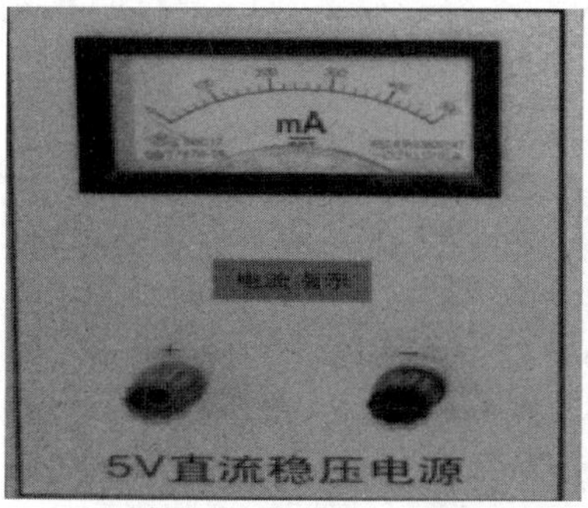

图 1-1-5　直流 5 V TTL 电源

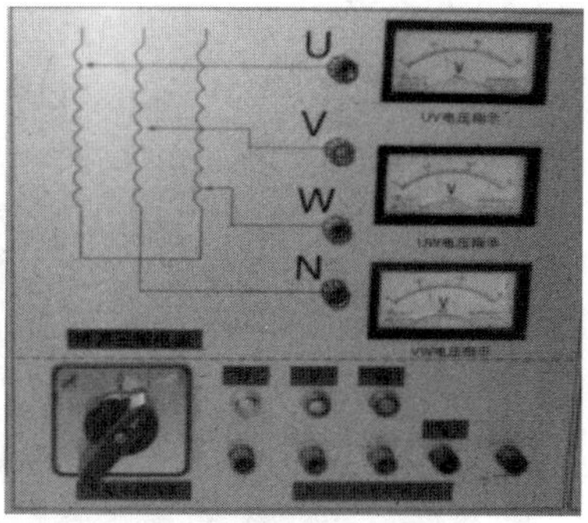

图 1-1-6　三相交流电源输出

二、常用电工仪器仪表和电工工具

1. 常用电工仪器仪表

常用的电工仪器仪表包括电流表、电压表、万用表、示波器、毫伏表、频率计、兆欧表、钳形电流表、函数信号发生器、单相调节器等。图 1-1-7 所示为部分常见电工仪器仪表。

（a）电流表

（b）电压表

（c）指针式万用表

（d）数字式万用表

（e）毫伏表

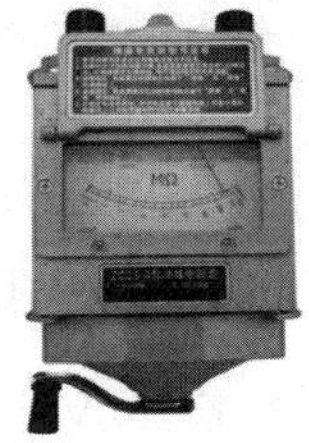

（f）兆欧表

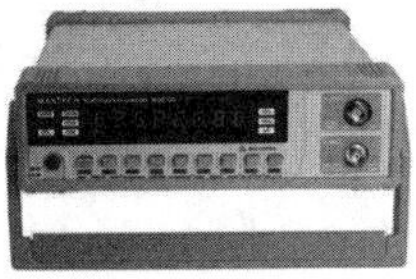

（g）频率计

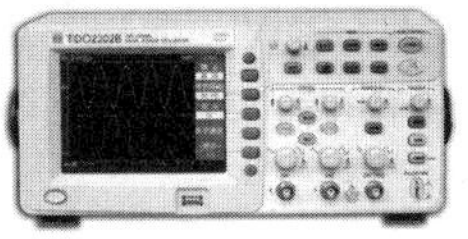

（h）示波器

（i）钳型电流表

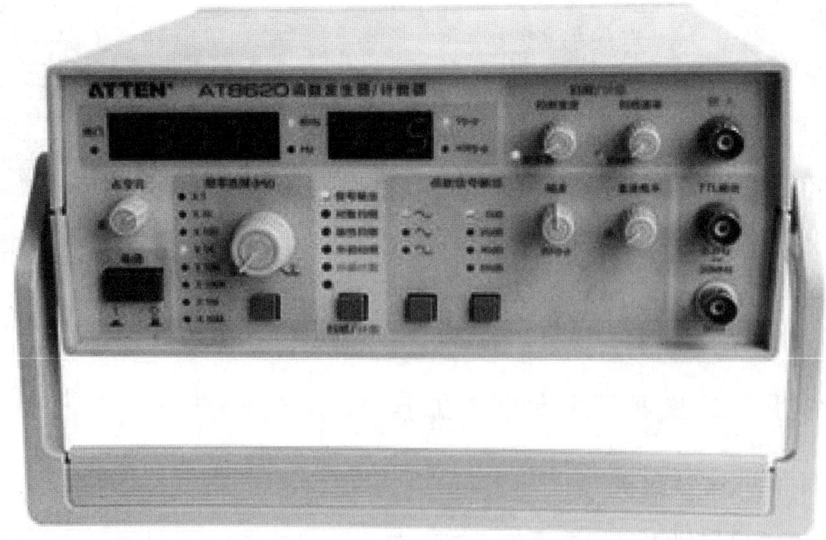

（j）函数信号发生器

图 1-1-7　常用的电工仪器仪表

2. 常用电工工具

常用电工工具如图 1-1-8 所示，有钢丝钳（老虎钳）、尖嘴钳、斜口钳、剥线钳、螺丝刀、镊子、电工刀、试电笔等。

（a）钢丝钳

（b）螺丝刀

（c）尖嘴钳

（d）斜口钳

（e）剥线钳

（f）电工刀

图 1-1-8　常用电工工具

三、电工实验实训室操作规程

每一位进入电工实验实训室的学员，都应严格遵守电工实验实训室的各项操作规程，学会安全操作、文明操作。具体要求如下：

（1）实验实训前必须做好准备工作，按规定的时间进入实验实训室，到达指定的工位，未经同意，不得私自调换。

（2）不得穿拖鞋进入实验实训室，不得携带食物进入实验实训室，不得在室内喧哗、打闹、随意走动，不得乱摸乱动有关电气设备。

（3）任何电气设备内部未经验明无电时，一律视为有电，任何接、拆线都必须在切断电源后方可进行。

（4）实训前必须检查工具、测量仪表和防护用具是否完好，如发现不安全情况，应立即报告指导教师，以便及时采取措施。电气设备安装检修后，需经检验后方可使用。

（5）实践操作时，思想要高度集中，操作内容必须符合教学内容，不准做任何与实验实训无关的事。

（6）要爱护实验实训工具、仪器仪表、电气设备和公共财物。

（7）凡因违反操作规程或擅自动用其他仪器设备造成损坏者，由事故人作出书面检查，视情节轻重进行赔偿，并给予批评或处分。

（8）保持实验实训室整洁，每次实验实训后要清理工作场所，做好设备清洁和日常维护工作。经指导教师同意后方可离开。

知识拓展

螺丝刀

螺丝刀是一种用来拧转螺丝钉以迫使其就位的工具，通常有一个薄楔形头，可插入螺丝钉头的槽缝或凹口内——京津冀鲁晋豫和陕西陕北地区为“改锥”，江西、安徽和湖北、陕西关中等地称为“起子”，其余中西部地区称为“改刀”，长三角地区称为“旋凿”。

螺丝刀主要有一字（负号）和十字（正号）两种。常见的还有六角螺丝刀，包括内六角和外六角两种。

十字螺丝和十字螺丝刀是由亨利·飞利浦（Henry Phillips）在二十世纪三十年代发明的，首先被使用在汽车的装配线上。所以十字螺丝和十字螺丝刀也被称为飞利浦螺丝和飞利浦螺丝刀。

为了给一字螺钉施加扭矩，人们想到了在螺钉头上开一条槽，用对应的一字形螺丝刀就能方便地拧紧和松开螺钉了，但是随着科学技术的飞速发展，螺钉的应用越来越广泛，螺钉和一字螺丝刀的不足也呈现出来了。比如螺钉头的一字槽一旦受到破坏，螺钉就无法拧出。而一字槽的长度越长，也越容易在被拧的过程中遭到破坏。为了能缩短槽口的长度，提高槽口抵抗破坏的能力，又能传递同样大小的扭力，亨利·飞利浦想到用十字槽，可以承受同样的扭力，但一个槽口的长度却短了一半，抵抗破坏的能力却大大地加强了。螺丝刀原本是一字形的，不能用于十字槽的螺钉，只有另外生产一种十字螺丝刀和十字槽螺钉相对应，这样就有两种螺丝刀了。

一字槽口的螺钉是从有机器以来就用着的，不可能把老机器上的螺钉都换掉。十字螺丝刀又不能用在一字槽口上，一字槽口的螺钉还在生产应用，所以要保留一字螺丝刀。这样，新机器大多是用十字槽口螺钉，老的也还在使用，就有了同时使用两种螺丝刀的情况。

任务反馈

（1）电工实验实训室中通常有多组电源配置，一般分为________和________两大类。

（2）任何电气设备内部未经验明无电时，一律视为__________，不准触及，任何接、拆线都必须_________电源后方可进行。

1.1.2 安全用电常识

任务导航

张某新买了一台饮水机，因家中的三孔插座被其他家用电器占满，只剩下两孔插座，张某就把饮水机自带的三线插脚改成两线插脚使用。接上电源，饮水机开始工作。有一天，张某的儿子用手触摸到饮水机外壳时触电身亡。你能说说张某的儿子触电的原因吗？如何才能预防此类事故的发生？

知识加油站

一、安全电压

1. 电流对人体的伤害

当人体的某一部位接触到带电的导体（裸导体、开关、插座的铜片等）或触及绝缘损坏的用电设备时，人体便会成为一个通电的导体，电流通过人体会造成伤害，这就是触电。人体触电时，决定人体伤害程度的主要因素是通过人体电流的大小。当较小电流通过人体时，如 0.6 ~ 1.5 mA 的电流会使触电者感到微麻和刺痛；当通过人体的电流超过 50 mA 时，便会引起心力衰竭、血液循环终止、大脑缺氧，进而导致死亡。因此，电工操作时，应特别注意安全用电、安全操作。

2. 安全电压等级

通过人体的电流大小与作用到人体上的电压及人体电阻有关。通常人体的电阻为八百至几万欧不等。当皮肤出汗时，有导电液或导电尘埃时，人体电阻将下降。根据 GB/T 3805—2008《特低电压（ELV）限值》规定，按操作人员、操作方式和操作环境，将安全电压等级分为 42 V、36 V、24 V、12 V 和 6 V。

在正常环境下，规定 36 V 及以下的电压为安全电压。

二、触电类型与防护措施

1. 常见触电类型

常见的触电类型有单相触电、两相触电和跨步电压触电。

（1）单相触电。是指当人体接触带电设备或线路中的某一相导体时，一相电流通过人体经大地回到中性点，这种触电形式称为单相触电。这是一种危险的触电形式，在生活中较常见。

（2）两相触电。是指人体的两处同时触及两相带电体的触电事故，这时人体承受的是 380 V 的线电压，其危险性一般比单相触电大。人体一旦接触两相带电体时电流比较大，轻微的会引起触电烧伤或导致残疾，严重的可以导致触电死亡事故，而且两相触电致人身亡的时间只有 1 ~ 2 s。

（3）跨步电压触电。如果高压带电体直接接地或电气设备相线碰壳短路接地，人体虽没有接触带电导线或带电设备外壳，但当电流流入地下时，电流会在接地点周围土壤中产生电压降，人跨步行走在电位分布曲线的范围而造成的触电称为跨步电压触电。

人受到跨步电压时，电流虽然是沿着人的下身，从脚经腿、胯部又到脚与大地形成通路，没有经过人体的重要器官，好像比较安全，但是实际并非如此。因为人受到较高的跨步电压作用时，双脚会抽筋，使身体倒在地上。这不仅使作用于身体上的电流增加，而且使电流经过人体的路径改变，完全可能流经人体重要器官，如从头到手或脚。经验证明，人倒地后电流在体内持续作用 2 s，这种触电就会致命。

跨步电压触电一般发生在高压电线落地时，但对低压电线落地也不可麻痹大意。根据试验，当牛站在水田里，如果前后跨之间的跨步电压达到 10 V 左右，牛就会倒下，电流常常会流经它的心脏，触电时间长了，牛会死亡。

2. 防止触电的保护措施

为防止发生触电事故，除遵守电工安全操作规程外，还必须采取一定的防范措施以确保安全。常见的触电防范措施主要有正确安装用电设备、安装漏电保护装置、电气设备的保护接地和电气设备的保护接零等。

三、触电现场的处理与急救

当发现有人触电时，必须用最快的方法使触电者脱离电源。然后根据触电者的具体情况，进行相应的现场救护。

1. 脱离电源

脱离电源的具体方法可用“拉”“切”“挑”“拽”“垫”五个字来概括。

“拉”——迅速拉开闸刀或拔去电源插头、熔断器。

“切”——用带有绝缘柄的利器切断电源回路。

“挑”——用绝缘棒挑开触电者身上的电线。

“拽”——用手拖拽触电者的干燥衣服，同时注意操作者自身的安全（如踩在干燥的木板上）。

“垫”——将干燥的木板塞进触电者身下，使其与地绝缘，然后采取办法把电源切断。

2. 现场诊断和急救

当触电者脱离电源后，除及时拨打“120”联系急救中心外，还应进行必要的现场诊断和急救。

当触电者出现心脏停搏、无呼吸等假死现象时，可采用胸外心脏按压法和口对口人工呼吸法进行救护。

（1）胸外心脏按压法。适用于有呼吸但无心跳的触电者。

（2）口对口人工呼吸法。适用于有心跳但无呼吸的触电者。

当触电者既无呼吸又无心跳时，可以同时采用口对口人工呼吸法和胸外心脏按压法进行抢救。

四、电气火灾的防范与扑救

电给我们带来了舒适的电气化生活和高效率的自动化生产，但由于电的物理特性，一旦操作不当或发生故障，极易引发火灾事故。

1. 导致电气火灾事故的主要原因

（1）安装或操作不当。

（2）短路。

（3）超负荷、过载。

（4）电器产生的热源。

（5）接触电阻过大。

（6）出现电火花。

2. 电气火灾的扑救

当电力线路、电气设备发生火灾，引着附近的可燃物时，一般都应采取断电灭火的方法，即根据火场的不同情况，及时切断电源，然后进行扑救。带电灭火时，切忌使用水和泡沫灭火剂救火，应使用干黄沙、二氧化碳、1211（二氟一氯一溴甲烷）、四氯化碳或干粉等灭火器。

知识拓展

家庭安全用电须知

（1）不要超负荷用电，如用电负荷超过规定容量，应到供电部门申请增容；空调、烤箱等大容量用电设备应使用专用线路。

（2）要选用合格的电器，不要贪便宜购买使用假冒伪劣电器、电线、线槽（管）、开关、插头、插座等。

（3）不要私自或请无资质的装修队及人员敷设电线和接装用电设备，安装、修理电器用具要找有资质的单位和人员。

（4）对规定使用接地的用电器具的金属外壳要做好接地保护，不要忘记给三眼插座、插座盒安装接地线；不要随意将三眼插头改为两眼插头。

（5）要选用与电线负荷相适应的熔断丝，不要任意加粗熔断丝，严禁用铜丝、铁丝、铝丝代替熔断丝。

（6）不用湿手、湿布擦带电的灯头、开关和插座等。

（7）家庭用电应安装合格的漏电保护器，室内要设有公用保护接地线。漏电保护开关应安装在无腐蚀性气体、无爆炸危险品的场所，要定期对漏电保护开关进行灵敏性检验。

（8）晒衣架要与电力线保持安全距离，不要将晒衣竿搁在电线上。

（9）要将电视机室外天线安装得牢固可靠，不要高出附近的避雷针或靠近高压线。

（10）严禁私设电网防盗、狩猎、捕鼠和用电捕鱼。

任务反馈

（1）常见的触电防范措施主要有________、________、________和________。

（2）带电灭火时，切忌使用________灭火剂，应使用干黄沙、二氧化碳、1211（二氟一氯一溴甲烷）、四氯化碳或干粉等灭火器。

任务 1.2　连接手电筒电路

知识与技能

（1）通过简单电路的连接，掌握电路的基本组成；理解电路各个组成部分的作用。

（2）能正确使用电气符号绘制简单的电路图。

（3）了解电路的三种工作状态及其特点。

（4）通过连接手电筒电路，培养学生的动手能力。

（5）培养学生分析实验数据的能力。

1.2.1　连接手电筒电路

任务导航

电流流通的路径称为电路。由直流电源供电的电路称为直流电路。

手电筒的外形及内部电路如图 1-2-1 所示，试用 2 节电池、额定电压为 2.5 V 的灯泡、开关等连接手电筒电路。

（a）外形

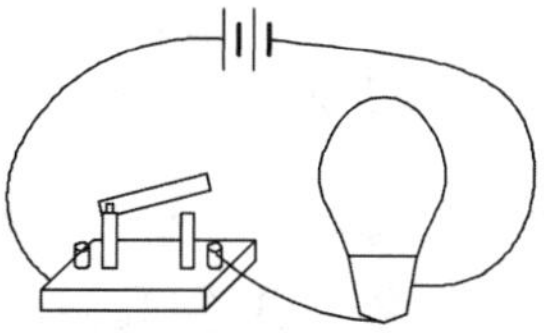

（b）内部电路

图 1-2-1　手电筒的外形及内部电路

知识加油站

（1）手电筒是由哪几部分组成的？

（2）灯泡的亮与不亮由谁控制？

（3）各部分的作用分别是什么？

名称	实物图	电气图形及文字符号
电池		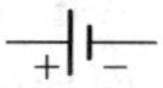
灯泡		⊗
开关		
导线		——

请用左图中的符号画出手电筒的电路图。

图 1-2-2　电气图形符号应用

一、电路组成

（1）电路一般由电源、负载、开关和连接导线 4 部分组成。电源内部的电路叫内电路，电源外部的电路叫外电路。

（2）各部分的作用如下：

电源：把其他形式的能量转换成电能，为电路提供电能的设备，如干电池、蓄电池等。

负载：又称用电器，其作用是将电能转换成其他形式的能量，如电灯、电动机等。

开关：控制电路的接通和断开，如开关、继电器等。

导线：起到了连接电路和输送电能的作用。

有些电路还装有保护装置，以保证电路的安全运行，如熔断器、热继电器等。

电路最基本的作用包括两方面：一是进行电能的传输和转换，如照明电路、动力电路等；二是进行信息的传输和处理，如测量电路、扩音机电路、计算机电路等。

二、电路的状态

电路通常具有以下3种工作状态：

通路：电路各部分连接成闭合回路，有电流通过时的状态，也称闭路。

断路：电路断开，没有电流通过时的状态，也称为开路。

短路：电路（或电路的一部分）的两端被导线或者等效为导线的其他物体直接相连，也称捷路。如电源两端直接由导线接通的状态为电源短路，用电器两端直接由导线接通的状态为用电器短路，这是一种危险状态，应避免出现。

知识拓展

电池是如何产生电的？

电池使用过程是电池放电过程，电池放电时在负极上进行氧化反应，向外提供电子，在正极上进行还原反应，从外电路接收电子，电流经外电路而从正极流向负极。电解质是离子导体，离子在电池内部的正负极之间因定向移动而导电，正离子（阳离子）流向正极，负离子（阴离子）流向负极。电池放电的负极为阳极，放电的正极为阴极，在阳极两类导体界面发生氧化反应，在阴极的两类导体界面上发生还原反应。整个电池形成了一个由外电路的电子体系和电解质液的离子体系构成的完整放电体系，从而产生电能供电。

任务反馈

（1）电路由哪几部分组成，其作用分别是什么？

（2）电路有哪几种工作状态？

任务1.3 电路的基本物理量

知识与技能

（1）理解电流的基本概念与定义，掌握电流的常用单位。

（2）学会区分电流的实际方向与参考方向。

（3）会用万用表（或电流表）测量直流电流。

（4）通过实验培养学生动手能力、分析和解决问题的能力。
（5）理解电压、电动势、电位的概念，掌握其常用单位。
（6）掌握电压与电位之间的关系，电源电动势与端电压的关系。
（7）明确测量直流电压的方法与步骤。
（8）会用万用表（或电压表）测量直流电压、电位。

1.3.1　测量直流电流

任务导航

（1）在手电筒电路中，开关闭合，灯泡为什么发亮？
（2）在手电筒电路中，开关断开，灯泡为什么不亮？

知识加油站

一、电流的形成与方向

（1）开关闭合后，电路成为闭合回路，在电池的作用下产生了电流，而电流流过灯丝，灯就发光。

（2）开关断开时，电路不通，处于开路状态；灯丝中无电流流过，灯不亮。

（3）电流是电荷的定向移动形成的。电流的文字符号为“I”。习惯上规定正电荷定向移动的方向为电流的方向，因此，电流的方向实际上与自由电子和负离子移动的方向相反。若电流的方向不随时间的变化而变化，则称其为直流电，用符号 DC 表示。其中，电流的大小和方向都不随时间变化的称为稳恒直流电。电流大小随时间做周期性变化，但方向不变的称为脉动直流电。大小和方向都随时间做相应变化的，称为交流电，用符号 AC 表示。干电池、蓄电池提供的是直流电，动力、照明电路一般用交流电。

（4）在分析和计算较为复杂的直流电路时，经常会遇到某一电流的实际方向难以确定的情况，这时可先任意假定电流的参考方向，然后根据电流的参考方向列方程求解。当解出电流为正值时，电流的实际方向与参考方向一致；解出电流为负值时，电流的实际方向和参考方向相反。

（5）电流的大小是指单位时间内通过导体横截面的电荷，即 $I=\dfrac{q}{t}$。

（6）电流的单位是安培，简称安，用 A 表示。常用的电流单位还有毫安（mA）、微安（μA）等。单位换算如下：

$$1\ \text{A}=10^3\ \text{mA}\qquad 1\ \text{mA}=10^3\ \mu\text{A}$$

二、电流的测量

万用表直流电流挡（或直流电流表）的正确使用步骤：

所选仪表的指针偏转应该和被测电路的电流成正比例关系。

（1）选挡位：将如图 1-3-1 所示万用表的转换开关拨至测量直流电流的“mA”挡（直流电流表则省去这一步骤）。此时，万用表就是一块直流电流表。

（a）万用表外形图

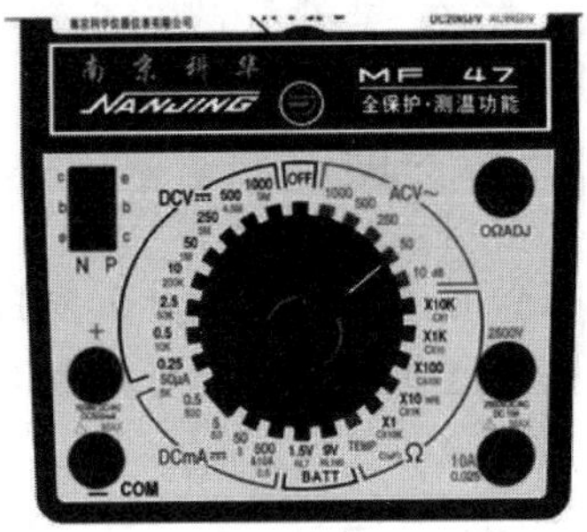

（b）万用表功能盘

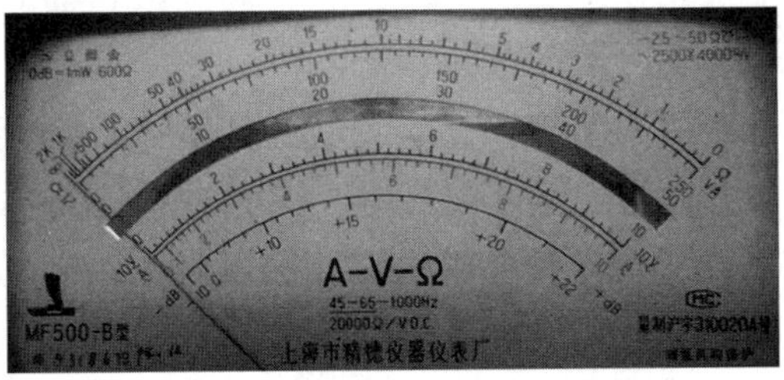

（c）万用表刻度盘

图 1-3-1　万用表

（2）选量程：根据被测电流的大小正确选择量程，应使指针处在刻度线的 2/3 以上的位置；若不知被测电流的大小时，可先置于直流电流最大量程试测，根据指针摆动情况确定是否需要降低量程测量（总之应使指针偏转角度尽可能地大）。改变量程时必须将万用表从电路中断开。

（3）连接：电流表应与被测电路串联，且电流从万用表的红表笔流入、从黑表笔流出，此时指针向右偏转（正偏）；否则，指针会发生反偏。

（4）读数。

① 读标“mA”的刻度线。

② 转换开关所指的电流值，即为量程。例如，转换开关拨至“50 mA”量程时，最大可测量的电流为 50 mA。

③ 在量程内，指针摆到任意位置时，按所指的刻度进行测量值计算。

实际值 =（量程/满刻度）× 指针所指的刻度值

例如，转换开关拨至“500 mA”量程时，用满刻度为“50”的刻度线读，指针指到“40”刻度，则实际电流值为

$$I=(500/50)\times 40\ \text{mA}=10\times 40\ \text{mA}=400\ \text{mA}$$

（5）复位：测量完毕，将转换开关置于交流电压最高挡。

（6）测量直流电流时，应将电流表串到被测电路中，并注意极性。

（7）万用表直流电流挡一般只适用于直流小电流的测量。

任务反馈

（1）用万用表直流电流档测量电流，按图 1-3-2 所示连接电路并测量电流，电流为________。

（2）如果将万用表的位置改变到电阻的左侧，测得的电流为________。

（3）上述两种情况下测出的两个电流相等吗？得出什么结论？

（4）单位变换：① 0.5 A = ______mA；

② 100 mA = ______A；

③ 5 mA = ______A。

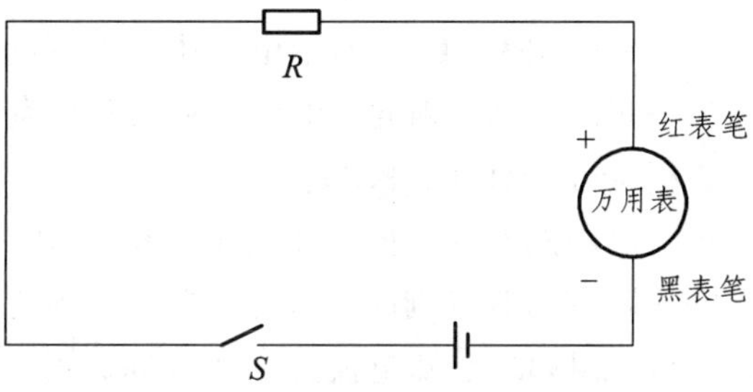

图 1-3-2　用万用表测量电流

1.3.2　测量直流电压、电位

任务导航

在手电筒电路中：

（1）开关闭合后，灯泡为什么会一直亮下去？

（2）电流为什么会流动？

知识加油站

一、电　压

在电荷的周围存在着一种称为电场的特殊物质，电荷之间通过电场发生相互作用。在金属导体中虽然有许多自由电子，但只有在外加电场的作用下，这些自由电子才能做有规则的定向移动而形成电流。电场力将单位正电荷从 a 点移动到 b 点所做的功，称为 a、b 两点间的电压，用 U_{ab} 表示。电压是衡量电场力做功本领的物理量。电压的单位名称是伏特，简称伏，用 V 表示。

电压与电流的关系和水压与水流的关系有相似之处。在图 1-3-3（a）所示装置中，由于用抽水机不断将水槽 B 中的水抽送到水槽 A 中，使 A 处比 B 处水位高，即 A、B 之间形成水压，水管中的水便由 A 处向 B 处流动，从而推动涡轮的转动。

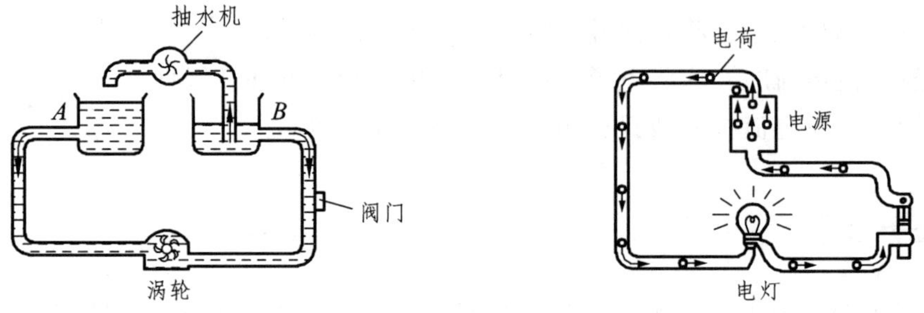

（a）水压与水流　　（b）电压与电流

图 1-3-3　电压与水压

在图 1-3-3（b）所示电路中，电源的作用类似于抽水机，它使电源的正、负极间维持一定的电压，因此，电路中便有正电荷由正极流向负极（实际上是负电荷由负极流向正极），从而使电灯发光。

电压的实际方向即正电荷在电场中的受力方向。在计算较复杂电路时，常常对电压的实际方向难以判断，因此也要先设定电压的参考方向。原则上电压的参考方向可任意选取，但如果已知电流的参考方向，则电压参考方向最好选择与电流参考方向一致，称为关联参考方向。当电压的实际方向与参考方向一致时，电压为正值；反之，为负值。

电压的参考方向有三种表示方法，如图 1-3-4 所示。

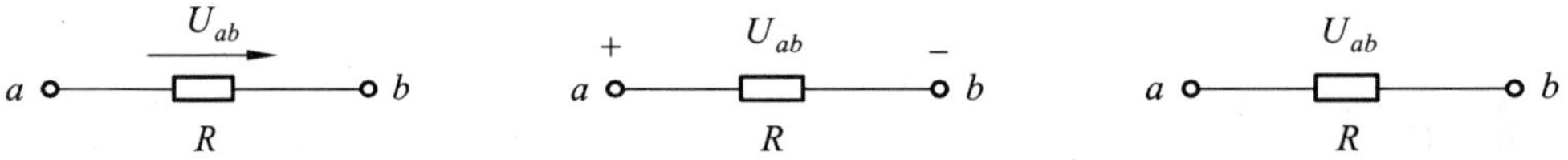

（a）箭头表示　　（b）极性符号表示　　（c）双下标表示

图 1-3-4　电压参考方向的表示法

二、电　位

如果在电路中选定一个参考点（即零电位点），则电路中某点 A 与零电位点之间的电压称为这点的电位，用 U_A 表示，参考电位是衡量电位高低的基准。电位的单位为伏特（V），常用单位还有千伏（kV）和毫伏（mV）。

$$1\ \text{kV} = 1000\ \text{V} \qquad 1\ \text{V} = 1000\ \text{mV}$$

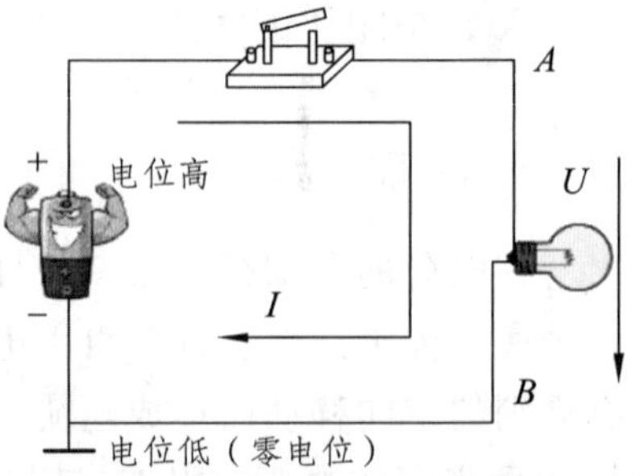

图 1-3-5　电流的流动方向

如图 1-3-5 所示外电路中的电流也是从电位高的地方向电位低的地方流动。如水位差一样，电压又称电位差。如 A、B 两点间的电位差 $U_A - U_B$ 称为 A、B 两点间的电压，用 U_{AB} 表示，即 $U_{AB} = U_A - U_B$。

下脚标与箭头标注的含义是相同的。若在图中用箭头标出电压方向（由 A 指向 B），文字符号就可以不表示成 U_{AB}，只在箭头处用 U 标出即可。

原则上电位的参考点可以任意选择，但为了便于分析计算，在电路中常以大地作为参考点，另外常以多条支路汇集的公共点或金属底板、机壳等作为参考点。高于参考点的电位取正，低于参考点的电位取负。电路中某点的电位与参考点的选择有关，但两点间的电位差（电压）与参考点的选择无关。

三、电压的测量

万用表直流电压挡（或直流电压表）的正确使用步骤：

（1）选挡：将转换开关拨至测量直流电压的“V”挡（直流电压表则省去这一步骤）。此时万用表就是一块直流电压表。

（2）选量程：根据被测电压的大小正确选择量程，应使指针处在刻度线 2/3 以上的位置；若不知被测电压的大小时，可先置于直流电压最高量程试测，然后根据指针摆动情况确定是否需要降量程测量（总之，在量程范围内应使指针偏转角度尽可能的大）。

（3）接法：电压表应并接在被测电路中。红表笔接高电位侧，黑表笔接低电位侧，此时指针向右偏转（正偏）；否则，指针会发生反偏。

（4）读数：读标有“V”的刻度线。参考电流表的读数方法。

知识拓展

伏特

亚历山德罗・朱塞佩・安东尼奥・安纳塔西欧・伏特伯爵（Count Alessandro Giuseppe Antonio Anastasio Volta，1745 年 2 月 18 日—1827 年 3 月 5 日），意大利物理学家，因在 1800 年发明伏打电堆而著名。后来他受封为伯爵。

伏特在青年时期就开始了电学实验，他读了他能够找到的许多书，对这项工作深感兴趣。他的好友加托尼送给他一些仪器，并在家里让出了一间房间来支持他的研究。伏特 16 岁时就开始与一些著名的电学家通信，其中有巴黎的诺莱和都灵的贝卡里亚。

伏特制造的仪器中，一个杰出例子是起电盘。一块导电板放在一个由摩擦起电的充电树脂“饼”上端，然后用一个绝缘柄与金属板接触，使它接地，再把它举起来，于是金属板就被充电到高电势，这个方法可以用来使莱顿瓶充电，且操作可以不断地重复。这一发明是非常精巧的，并在之后发展成为一系列静电起电机。由于起电盘的发明，1774

年伏特担任科莫皇家学校的物理教授，1779 年任帕维亚大学物理学教授。他的名声开始传扬到意大利以外，被苏黎世物理学会选举为会员。

任务反馈

（1）用万用表测量直流电压：

① 调整好万用表的档位，选择适当量程。

② 连接如图 1-3-6 所示电路，$E = 3$ V，闭合开关 S，测量灯泡两端（A、B 两点间）的电压为____V。

③ 将黑表笔接在 C 点（电池负极），红表笔接在 A 点，电压值为________V；红表笔接在 B 点，电压值为_______V。

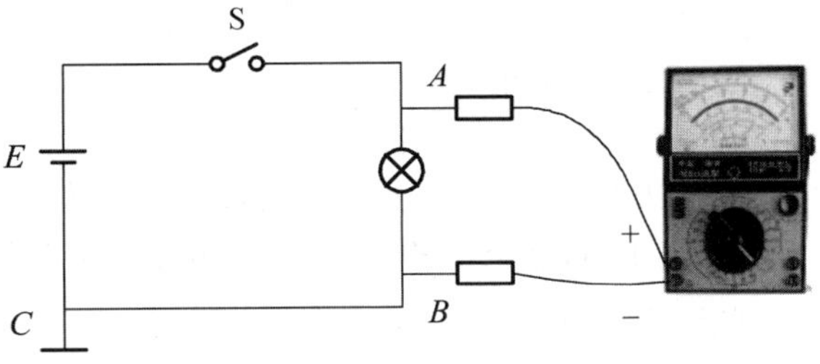

图 1-3-6　电压的测量

（2）如图 1-3-6 所示电路中，

① A 点电位 U_A = ____V；

② B 点电位 U_B = ____V；

③ A、B 两点间的电压 U_{AB} = ____V；

④ B、A 两点间的电压 U_{BA} = ____V。

1.3.3　认识电动势与电压

任务导航

在如图 1-3-5 所示电路中，如果把电池拿掉，换上一条导线，开关闭合或者断开，小灯泡是否会亮？那么，电池的作用是什么？

知识加油站

如图 1-3-3（a）所示，要保持水持续流动，需要不断用水泵向水槽 A 中抽水。同理，要使电流持续流动，需靠电池不断提供电能。

电池（电源）具有使电流持续流动的能力，这种能力用电源的电动势表示。所以，电动势是衡量电源做功本领的物理量，用 E 表示，单位为伏特（V），方向规定为在电源内部由负极“－”指向正极“＋”。电源电动势在数值上等于电源没有接入电路时两极间电压。

对于一个电源来说，既有电动势，又有端电压。电动势只存在于电源内部，而端电压则是电源加在外电路两端的电压，其方向由正极指向负极。一般情况下，电源的端电压总是低于电源内部的电动势，只有当电源开路时，电源的端电压才与电源的电动势相等。

电压和电动势的单位都是伏特（V），较易混淆，应特别注意它们之间的区别，电动势表示的是电源将正电荷从负极移到正极，从而保证电流持续的能力，是由电源本身的性质决定的。

在图 1-3-7 中：

（1）断开开关 S，红表笔接电池“+”极，黑表笔接电池“−”极，测出的电压值近似为电池的电动势，$E=$____V。

（2）闭合开关 S，灯亮，测量电池两极间电压 $U=$____V。此电压称为电池的端电压。

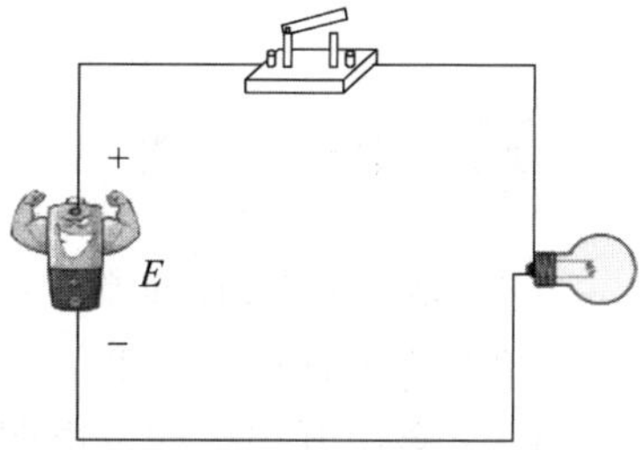

图 1-3-7　电池与电流

知识拓展

万用表使用常识

（1）每次用完万用表后，要将转换开关旋至交流电压最大量程的挡位，这时表内阻值最大，可以防止下次使用不慎误接时将表头烧坏，并且要将表笔拔下，放入表盒内。

（2）使用万用表进行测量时，要把万用表水平放稳。观察读数时目光要与表的刻度盘相垂直，以减小视觉误差。有的万用表在刻度盘下面有一镜面，观察时指针要与其影像重合。

（3）当万用表测量高电压或大电流时，表笔未离开被测点前不能旋动转换开关，否则会在触点间产生电弧，使开关损坏。

（4）万用表长期不用时，应把电池取出，以免日久电池变质，渗出液损坏万用表。

（5）切不可用欧姆挡或电流挡去测电压，否则万用表将会烧毁。

（6）万用表的表盘上的电阻、电流、电压的刻度并列在十分靠近的不同弧线上。测量时，不但要根据测量项目选好挡位，还要在对应的标度尺上读取数据。同时，应注意标度尺的读数与量程倍率的配合，以免出差错。

任务反馈

（1）如图 1-3-8 所示，若 $U_A=5\text{ V}$，$U_B=2\text{ V}$，则 $U_{AB}=$____V。

（2）两节干电池按如图 1-3-9 所示连接，则 $E_1+E_2=$____V。

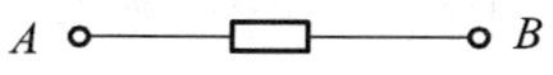

图 1-3-8　题（1）图

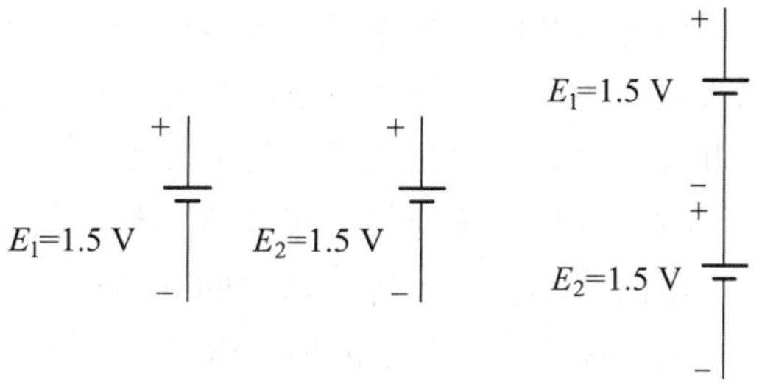

图 1-3-9　题（2）图

任务 1.4　测量电阻

知识与技能

（1）理解电阻的概念。
（2）认识各种电阻器。
（3）会用万用表测量电阻值。

1.4.1 测量电阻

任务导航

生活中常用铝线或铜线制作电线或者电缆的材料，极少数场合也会采用银线，但作为廉价的金属铁，为什么没有被广泛使用于导线的生产加工中呢?

知识加油站

一、导体的电阻

（1）当电流流过某一导体时，导体会对电流起阻碍作用，这种阻碍作用称为导体的电阻，用 R 表示。

（2）导体电阻的大小与下列因素有关：

导体的电阻是导体本身的一种性质。它的大小决定于导体的材料、长度和横截面积，可按下式计算：

$$R=\rho\frac{l}{S}$$

式中，ρ 称为材料的电阻率，单位符号是 Ω · m 电阻率的大小反映了物体的导电能力。

材料和横截面积相同时，导体越长，电阻越大。就像水在水管中流动一样，水管越长，阻力越大；水管越短，阻力越小。材料和长度相同时，导体越粗，电阻越小。

各种材料的电阻率都随温度的变化而变化。一般来说，金属的电阻率随温度升高而增大；电解液、半导体和绝缘体的电阻率则随温度升高而减小；而有些合金，如锰铜合金和镍铜合金的电阻几乎不受温度变化的影响，常用来制作标准电阻。

（3）导体、绝缘体、半导体与超导体。

电阻率小，电流容易通过的物体称为导体，如金属。

电阻率大，几乎不能通过电流的物体称为绝缘体。如橡胶、陶瓷、塑料、干木头等。

导电能力介于导体和绝缘体之间的物体称为半导体，如硅、锗等。

在一定条件下，某些材料的电阻会变为零，称为超导体。

从图 1-4-1 中可以看出，纯金属的电阻率小，导电性能好，所以连接电路的导线一般用电阻率小的铝或铜来制作，必要时还在导线上镀上金或银。合金的电阻率较大，常用来制作电阻器、电炉电阻丝等。而为了保证安全，电线的外皮、一些电工工具的手柄和外壳等都要用橡胶、塑料等绝缘材料制成。

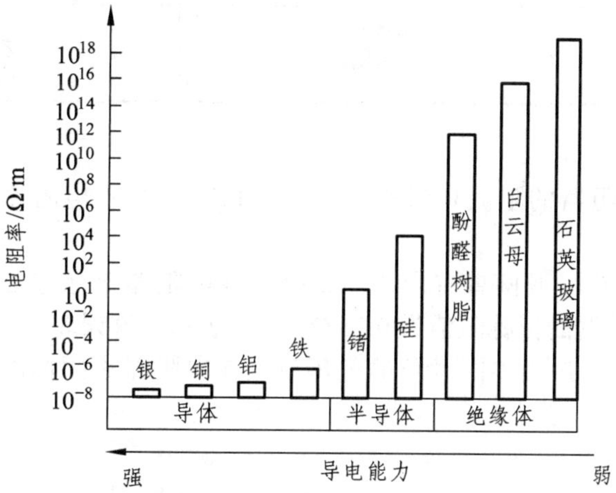

金属导体的电阻率一般为 10^{-8}～$10^{-6}\ \Omega\cdot m$

绝缘体的电阻率一般为 10^{8}～$10^{18}\ \Omega\cdot m$

半导体的电阻率一般为 10^{-5}～$10^{6}\ \Omega\cdot m$

图 1-4-1　导体、半导体和绝缘体

（4）电阻的表示。通常用如图 1-4-2 所示的符号表示电阻。电阻的单位为欧姆，简称欧（Ω），常用单位还有千欧（kΩ）、兆欧（MΩ）。各单位之间的进位关系如下：

$$1\ k\Omega = 1000\ \Omega = 10^3\ \Omega$$

$$1\ M\Omega = 1000\ k\Omega = 10^6\ \Omega$$

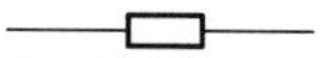

图 1-4-2　电阻

一般情况下，在实际连接的电路中，若连接导线很短时，电阻很小，可忽略不计，认为连接导线的电阻为 0。

（5）一般负载都具有电阻，如白炽灯泡中的钨丝就是电阻丝。

二、电阻器

（1）在实际应用中，需要一些电阻元件，这些电阻元件称为电阻器。表 1-4-1 为常用固定电阻器，表 1-4-2 为常用可变电阻器。

表 1-4-1　常用固定电阻器

类　型	名　称	外　形	电路符号
固定电阻器	碳膜电阻器		 R
	线绕电阻器		
	金属膜电阻器		

表 1-4-2　常用可变电阻器

类　型	名　称	外　形	电路符号
可变电阻器	滑动电阻器		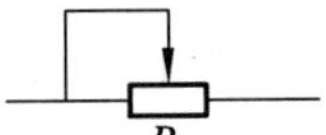
	带开关电位器		
	微调电位器		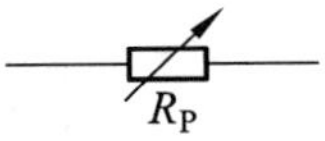

（2）电阻器的阻值标志法。

① 直标法：直接用数字表示电阻器的阻值和误差。如“68 kΩ ± 5%”：电阻器的标称阻值为 68 kΩ，允许误差为 ± 5%。

② 文字符号法：用数字和文字符号或两者有规律的组合，在电阻器上标志出主要参数的标志方法。如“0.25 ΩJ”：电阻器的标称阻值为 0.25 Ω，“J” 表示允许误差为 ± 5%。

③ 色环标志法：如图 1-4-3 所示，是用不同颜色的色环或点在电阻器表面标出标称阻值和允许误差的方法。

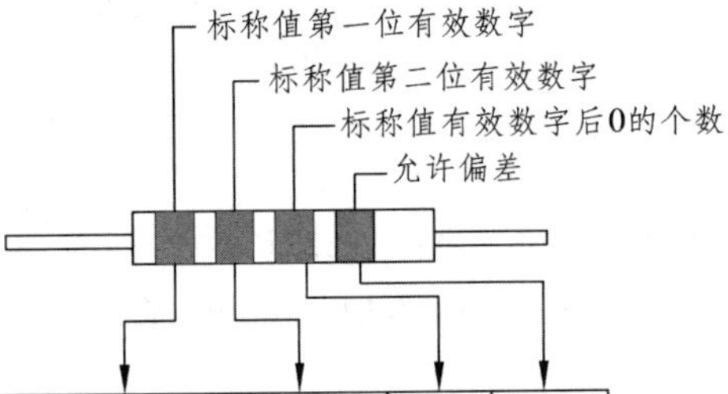

颜色	第一位有效数字	第二位有效数字	倍率	允许偏差
黑	0	0	10^0	
棕	1	1	10^1	
红	2	2	10^2	
橙	3	3	10^3	
黄	4	4	10^4	
绿	5	5	10^5	
蓝	6	6	10^6	
紫	7	7	10^7	
灰	8	8	10^8	
白	9	9	10^9	$^{+50}_{-30}\%$
金			10^{-1}	±5%
银			10^{-2}	±10%
无色				±20%

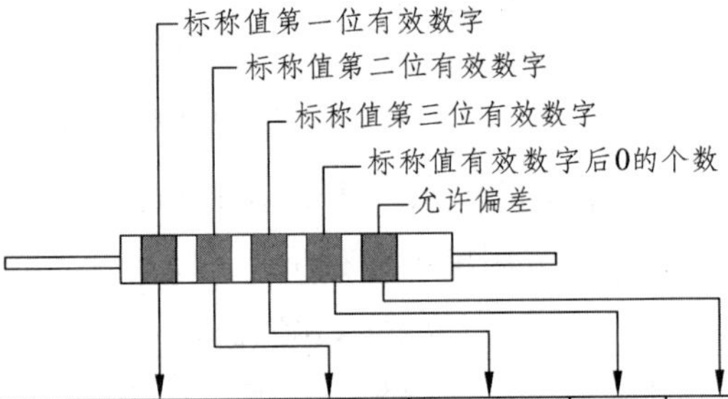

颜色	第一位有效数字	第二位有效数字	第三位有效数字	倍率	允许偏差
黑	0	0	0	10^0	
棕	1	1	1	10^1	±1%
红	2	2	2	10^2	±2%
橙	3	3	3	10^3	
黄	4	4	4	10^4	
绿	5	5	5	10^5	±5%
蓝	6	6	6	10^6	±0.25%
紫	7	7	7	10^7	±0.1%
灰	8	8	8	10^8	
白	9	9	9	10^9	
金				10^{-1}	
银				10^{-2}	

图 1-4-3　色环标志法

三、电阻的测量

用万用表测量电阻值。

（1）选挡：将转换开关拨到“Ω”挡。

（2）选量程：根据被测电阻的大小选择合适的“Ω”挡倍率，有“$R\times1$、$R\times10$、$R\times100$、$R\times1\text{k}$”等。通常所选倍率应使测量时的指针指在刻度线的中间段。

（3）调零：将红黑表笔短接，调节“欧姆调零”旋钮使指针指在 0 Ω 位置。每次改变欧姆挡量程时，都要重新调零。

（4）连接：将被测电阻从电路中断开，两个表笔分别接在被测电阻的两个引线上。严禁对通电的电阻进行电阻值测量。

（5）读数：

① 读标有“Ω”的刻度线。

② 读指针指示的数值，再乘以量程倍率即为被测电阻的阻值。

例如，转换开关拨至 Ω 挡的“$R\times100$”倍率时，指针指到 30，则该电阻的实际阻值为 $30\ \Omega\times100=3\ 000\ \Omega=3\ \text{k}\Omega$。

（6）实际测量：用万用表对所给电阻、电位器和滑杆变阻器进行测量，并观察可变电阻的变化情况。

将电阻的测量值与该电阻上的标注值进行比较。

（7）注意：电阻（器）的标称值不但有阻值大小，还有功率限制，比如 10 W、1 W、0.5 W、0.125 W 等，使用中不许超过标称功率，否则会烧毁电阻，造成电路故障。

知识拓展

超导材料及超导技术

人们把处于超导状态的导体称之为“超导体”。超导体的直流电阻率在一定的低温下突然消失，被称作零电阻效应。导体没有了电阻，电流流经超导体时就不发生热损耗，电流可以毫无阻力地在导线中形成强大的电流，从而产生超强磁场。

超导是指某些物质在一定温度条件下（一般为较低温度）电阻降为零的性质。1911 年荷兰物理学家 H. 卡茂林·昂内斯发现汞在温度降至 4.2 K 附近时突然进入一种新状态，其电阻小到实际上测不出来，他把汞的这一新状态称为超导态。以后又发现许多其他金属也具有超导电性。低于某一温度出现超导电性的物质称为超导体。

超导材料和超导技术有着广阔的应用前景。超导列车已于 20 世纪 70 年代成功地进行了载人可行性试验，1987 年开始，超导列车在日本开始试运行，但经常出现失效现象，出现这种现象可能是由于高速行驶产生的颠簸造成的。超导船已于 1992 年 1 月 27 日下水试航，目前尚未进入实用化阶段。利用超导材料制造交通工具在技术上还存在一定的障碍，但它势必会引发交通工具革命的一次浪潮。

超导材料的零电阻特性可以用来输电和制造大型磁体。超高压输电会有很大的损耗，而利用超导体则可最大限度地降低损耗，但由于临界温度较高的超导体还未进入实用阶段，从而限制了超导输电的采用。随着技术的发展，新超导材料的不断涌现，超导输电的希望能在不久的将来得以实现。

现有的高温超导体还处于必须用液态氮来冷却的状态，但它仍旧被认为是 20 世纪最伟大的发现之一。

任务反馈

用色环标志法，识读如图 1-4-4 所示电阻的阻值。

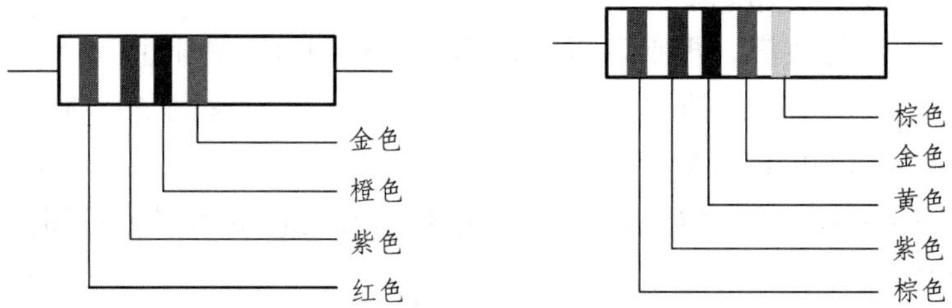

图 1-4-4　识读电阻

任务 1.5　认识欧姆定律

知识与技能

（1）通过实际测量，理解电流、电压和电阻的关系。

（2）会测量部分电路两端的电压和电流。

（3）能用欧姆定律进行简单电路计算。

1.5.1　认识部分电路欧姆定律

任务导航

现有一个小灯泡（额定电压 3.8 V），三个阻值不同的电阻，干电池 3 节，开关一个，导线若干，怎样让小灯泡发出不同亮度的光来？灯泡的亮度为什么会改变？你是通过什么样的办法改变了灯泡的亮度？

知识加油站

部分电路是指一段不含电源的电路。

在如图 1-5-1 所示的电路中：

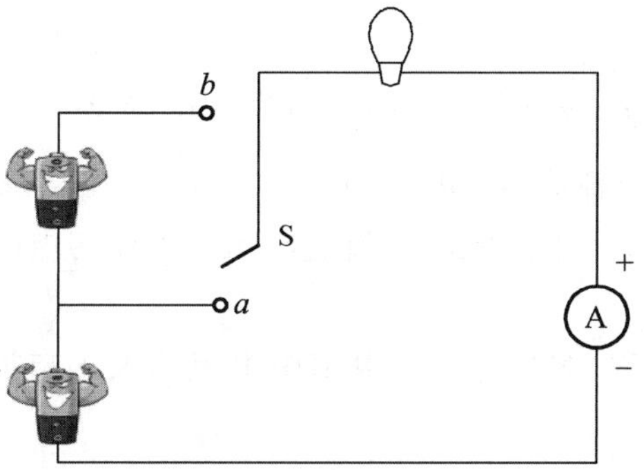

图 1-5-1　测量接线图

（1）将开关 S 打到 a 位置，观察灯泡的亮度。将灯泡换成一只适当电阻 R，测量流过电阻 R 的电流 I 和电阻 R 两端的电压 U，填入表 1-5-1 中。

（2）将开关 S 打到 b 位置，再观察灯泡的亮度。将灯泡换成电阻 R，重复上面步骤，再次测量 U、I 值，并填入表 1-5-1 中。

表 1-5-1　电压电流测量

次　数	电　量	
	电压 U/V	电流 I/mA
1		
2		

注意：

（1）电流表串联接入电路，电压表并联接入电路，注意极性，量程选择适当。

（2）测量过程中，电路闭合时间不能太长，读取数据后要断开电路，以防通电时间过长，电阻发热给测量带来误差。

如图 1-5-2 所示，观察两个电路（用同一节电池）中灯泡的亮度有无不同。

分别将电路中的灯泡用阻值为 R 的电阻代替，测出图 1-5-2 中流过 A 点的电流值。一个电阻时，I_1 = ______；两个电阻时，I_2 = ______。

根据前面的测量结果，思考并回答下面问题：

（1）加在负载电阻两端的电压越高，流过负载电阻的电流会________________。

（2）当负载两端电压不变时，负载的阻值越大，流过它的电流会________________。

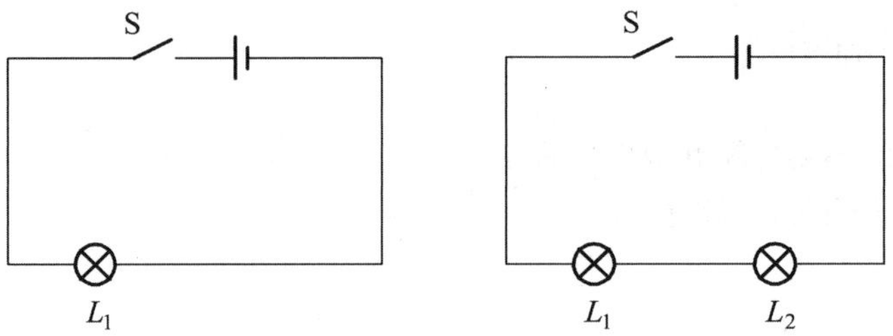

图 1-5-2　测量电流与电阻的关系

（3）流过电阻 R 的电流为 I，电阻两端电压为 U，三者的关系可以用公式表示为________________；即在阻值一定时，流过电阻的电流与电阻两端的电压成正比。

总结归纳：

（1）部分电路欧姆定律的内容为：电阻中电流的大小与加在电阻两端的电压成正比，而与电阻值成反比。

（2）部分电路欧姆定律的数学表达式：

$$I=\frac{U}{R}$$

式中　U——电压，单位为 V；

I——电流，单位为 A；

R——电阻，单位为 Ω。

知识拓展

欧姆

乔治·西蒙·欧姆（George Simon Ohm，1787 年 3 月 16 日—1854 年 7 月 7 日），德国物理学家。欧姆发现了电阻中电流与电压的正比关系，即著名的欧姆定律；他还证明了导体的电阻与其长度成正比，与其横截面积和传导系数成反比；以及在稳定电流的情况下，电荷不仅在导体的表面上，而且在导体的整个截面上运动。电阻的国际单位制“欧姆”以他的名字命名。欧姆的名字也被用于其他物理及相关技术内容中，比如“欧姆接触”“欧姆杀菌”“欧姆表”等。欧姆的物理符号为“Ω”。

任务反馈

（1）根据公式 $I=\frac{U}{R}$，请推导 $U=$______，$R=$______。

（2）将 9 V 的电压施加在阻值为 30 Ω 的电阻上，其电流 $I=$______。

（3）阻值为 50 Ω 的电阻中通过 0.4 A 的电流，该电阻两端的电压 $U=$______。

1.5.2 认识全电路欧姆定律

任务导航

日常生活中，常常会遇到这样的情况：用电动势为 1.5 V 的两节新电池给手电筒供电，开始时，手电筒正常发光，亮度足，使用一段时间后，手电筒逐渐变暗，最后完全处于不亮状态，取出电池，用万用表测电池两端电压，其值约为 1.4 V。请问，虽然旧电池两端的电压还有 1.4 V，可给同样的手电筒供电，为什么手电筒就不亮了呢？你能解释这其中的原因吗？

知识加油站

全电路是指含有电源的闭合电路。电源内部的电路称为内电路，如发电机的线圈，电池内的溶液等。电源内部的电阻称为内电阻，简称内阻。电源外部的电路称为外电路，外电路中的电阻称为外电阻。

（1）电源内部一般都是有电阻的，这个电阻称为内电阻（内阻），用 r 表示。

（2）电源不接负载时，电路中没有电流流过，则其两端电压 U 与其电源的电动势 E 的大小相等，即 $U=E$。

（3）电源接上负载时，电路中就有电流 I 流过。由于电池的内阻 r 与负载为串联关系，所以，在其内部将产生电压降 Ir。此时，电源电动势 E 在数值上等于闭合电路中内、外电路电压降之和，即

$$E=U_{外}+U_{内}=IR+Ir$$

式中　$U_{内}$——电源内部电压降，单位为 V；

$U_{外}$——电源向外电路的输出电压（电源端电压），单位为 V；

E——电源电动势，单位为 V。

（4）全电路欧姆定律的内容：在全电路中电流强度 I 与电源的电动势 E 成正比，与电路的全部电阻值成反比。其数学表达式为

$$I=\frac{E}{R+r}$$

【例题】有一电源电动势为 3 V，内阻 $r=0.5\ \Omega$，外接负载 $R=9.5\ \Omega$，求：（1）电路中的电流；（2）电源端电压；（3）负载上的电压；（4）电源内阻上的电压。

解：

（1）电路中的电流

$$I=\frac{E}{r+R}=\frac{3}{0.5+9.5}\text{A}=0.3\text{ A}$$

（2）电源端电压

$$U = E - Ir = (3 - 0.3\times0.5)\ \text{V} = 2.85\ \text{V}$$

（3）负载上的电压

$$U = IR = (0.3\times9.5)\ \text{V} = 2.85\ \text{V}$$

（4）电源内阻上的电压

$$U_0 = Ir = (0.3\times0.5)\ \text{V} = 0.15\ \text{V}$$

（5）电路的三种状态。

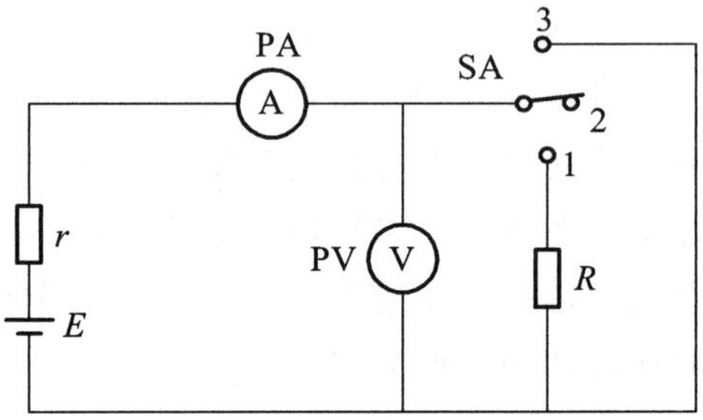

图 1-5-3　电路的三种状态

如图 1-5-3 所示：

（1）通路（有载）。

开关 SA 接到位置“1”时，电路处于通路状态。电路中电流为 $I=\dfrac{E}{R+r}$，端电压与输出电流的关系为 $U_{外}=E-U_{内}=E-Ir$。

（2）开路（断路）。

开关 SA 接到位置“2”时，电路处于开路状态。

$$I=0$$
$$U_{内}=Ir=0$$
$$U_{外}=E-Ir=E$$

即：电源的开路电压等于电源电动势。

（3）短路。

开关 SA 接到位置“3”时，相当于电源两极被导线直接相连。电路中短路电流为

$$I_{短}=\frac{E}{r}$$

由于电源内阻一般都很小，所以短路电流极大。此时电源对外输出电压

$$U_{外}=E-I_{短}r=0$$

知识拓展

电源的外特性

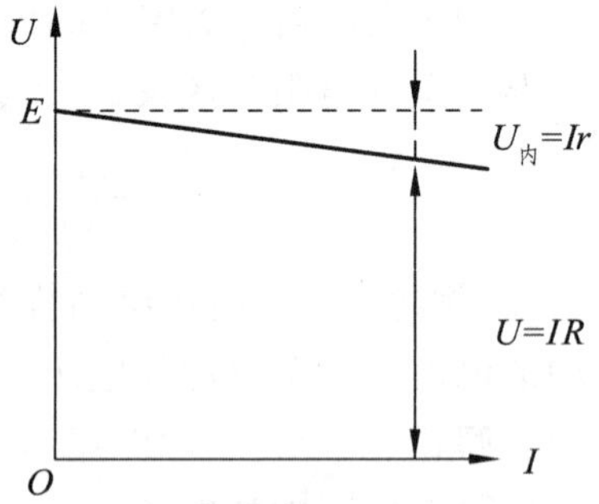

图 1-5-4　电源外特性曲线

电源端电压随负载电流变化的关系特性称为电源的外特性，其关系特性曲线称为电源的外特性曲线，如图 1-5-4 所示。

从外特性曲线也可以看出，当 $I=0$（电路开路）时，电源的端电压最大，等于电源的电动势，即 $U=E$；当电路闭合时，电路中有电流 I，电源的端电压小于电动势，即 $U<E$，并随着电路中电流 I 的增大而减小。

任务反馈

（1）已知：$E=U_{外}+Ir=IR+Ir$。换算 $U_{外}$ = ______，I = ______。

（2）在如图 1-5-5 所示的电路中，已知：$E=2$ V，$r=0.2\ \Omega$，$R=9.8\ \Omega$，不计电压表和电流表内阻对电路的影响，求开关 SA 在不同位置时电压表和电流表的值各为多少？

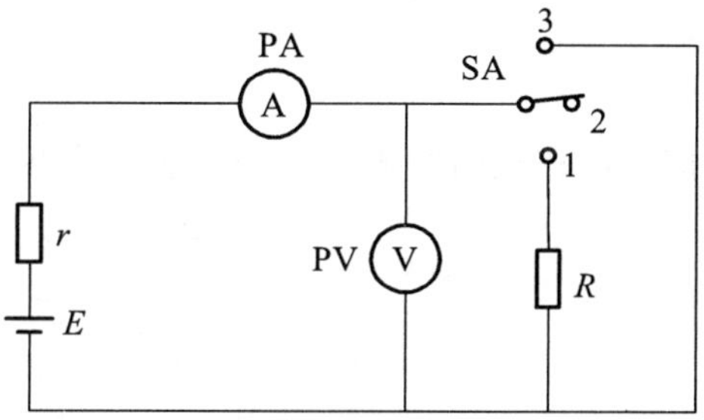

图 1-5-5　题图 2

任务 1.6　认知直流电路

知识与技能

（1）理解电阻串、并联的基本概念、特点。
（2）能够熟练搭建电阻串、并联电路，能够对电阻串、并联电路进行故障检测。
（3）会进行电阻串、并联电路的计算。
（4）理解电能、电功率的基本概念，明确电能的单位和测量电能的仪表。
（5）掌握焦耳定律内容及应用。
（6）掌握负载获得最大功率的条件。
（7）掌握电气设备额定值的意义及常见负载状态。
（8）了解电能在现代社会中的广泛应用，培养学生养成节约用电意识。

1.6.1　测试电阻串联电路

任务导航

一位同学在做实验时，需要阻值为 8 Ω 和 5 Ω 阻值的电阻各一个，但手边只有 4 Ω 和 10 Ω 的电阻若干个，用什么办法可以得到所需阻值的电阻呢？

现有两个 10 kΩ 的电阻，将它们任意连接后，测出两连接端的阻值。结果一定是 20 kΩ 和 5 kΩ。是否按图 1-6-1 和图 1-6-2 所示连接的？

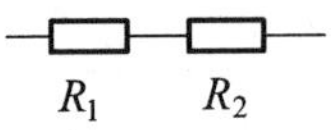

图 1-6-1　两个电阻的一种连接方式

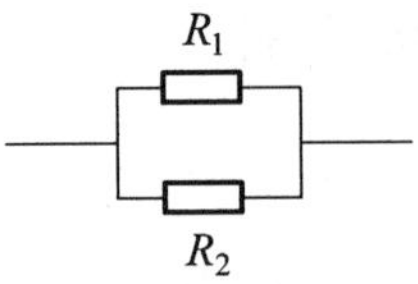

图 1-6-2　两个电阻另外一种连接方式

知识加油站

如图 1-6-1 所示的连接，叫作电阻的串联，即电阻一个接一个地依次连接在一起。图 1-6-3 为串联示意图。

图 1-6-3　串联

如图 1-6-4 所示串联电路，它是在图 1-3-7 所示电路的基础上，串联一个适当电阻 R_2，观察一下灯泡的亮度变化，再用万用表对电路进行测量（电路中的灯泡电阻为 R_1）。

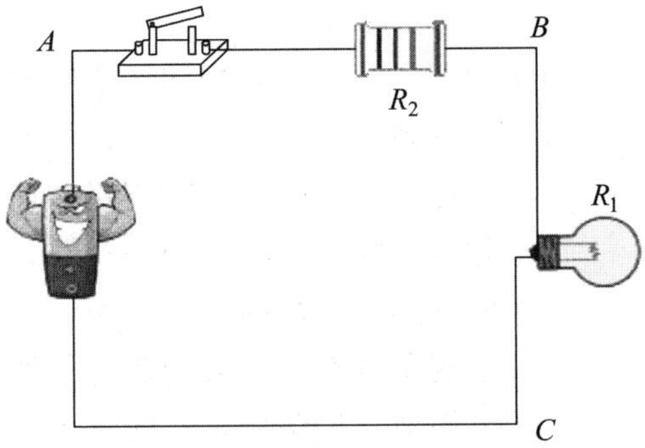

图 1-6-4　电阻的串联电路

步骤：① 将万用表的转换开关拨到直流“mA”挡，选好量程。② 将 A 点断开，把万用表串接到电路中测出电流值；断开万用表，重新接通 A 点。③ 把 B 点断开，重复步骤 2。④ 把 C 点断开，重复步骤 2。

通过测量发现：串入电阻 R_2 后，灯泡变暗了。这是因为电路中总电阻变大，电流变小了。测出流过 A、B、C 三个点的电流值相同，这说明在串联电路中，流过每一个电阻的电流都相等，即

$$I_A = I_B = I_C = I$$

将图 1-6-4 所示电路中的灯泡用电阻器 R_1 代替，且 $R_1 \neq R_2$。万用表的转换开关拨到直流电压“V”挡，选好量程。测出 A、C 两点之间（电池两端）的电压 U。测出 B、C 两点之间（灯泡两端）的电压 U_1。测出 A、B 两点之间（R_2 两端）的电压 U_2。

通过测量结果看出，电路两端的总电压等于各电阻两端电压之和，即

$$U = U_1 + U_2$$

比较 R_1 上的电压 U_1 和 R_2 上的电压 U_2 的大小，发现电阻的阻值越大，它两端分配的电压越大，即电阻上分配的电压与它的阻值成正比。

在计算时，若给定总电压 U，两个电阻串联的分压公式为

$$U_1 = \frac{R_1}{R_1 + R_2}U \text{，} U_2 = \frac{R_2}{R_1 + R_2}U$$

串联电路的特点：

（1）串联电路中电流处处相等，即

$$I = I_1 = I_2 = \cdots = I_n$$

（2）电路两端的总电压等于各电阻两端的电压之和，即

$$U = U_1 + U_2 + \cdots + U_n$$

（3）串联电路的等效电阻等于各个串联电阻之和，即

$$R = R_1 + R_2 + \cdots + R_n$$

（4）电阻上的电压与各电阻的阻值成正比，分压公式为

$$U_1 = \frac{R_1}{R_1 + R_2}U \text{，} U_2 = \frac{R_2}{R_1 + R_1}U$$

知识拓展

在实际工作中，电阻串联有如下应用，如图 1-6-5 所示：

（1）用几个电阻串联以获得较大的电阻。

（2）采用几个电阻串联构成分压器，使同一电源能供给几种不同数值的电压。

（3）限制和调节电路中电流的大小。

（4）扩大电压表量程。

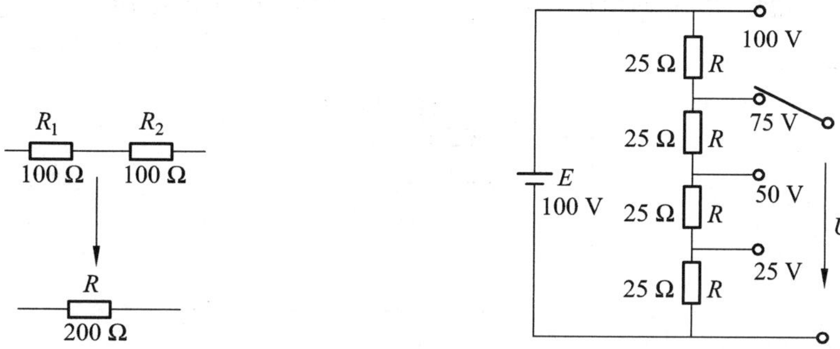

（a）应用（1）　　（b）应用（2）

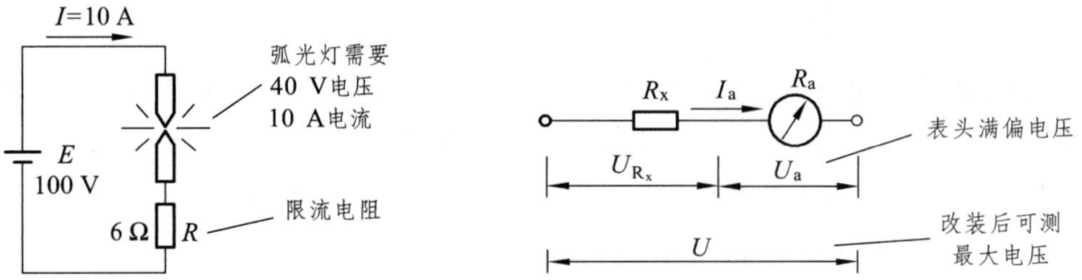

（c）应用（3）　　（d）应用（4）

图 1-6-5　电阻串联应用

任务反馈

（1）我们来看看图 1-6-6，小明在做电路实验时，遇到了如下问题：想让一个额定值为“3 V、0.1 A”的小灯泡正常工作，可手头只有 12 V 的电源，如果把小灯泡直接接到 12 V 的电源中，小灯泡肯定会被烧坏，这可怎么办呢？你能帮助小明解决这个问题吗？

（2）电路如图 1-6-7 所示，已知 $U=15$ V，$R_1=5$ kΩ，$R_2=10$ kΩ，求：电流 $I=$______；流过 R_1 中的电流为______；流过 R_2 中的电流为______；电阻 R_1 上的电压 $U_1=$______；电阻 R_2 上的电压 $U_2=$______。

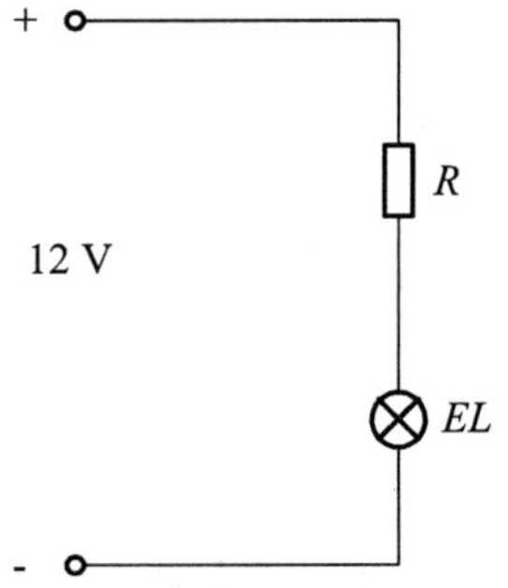

图 1-6-6　小灯泡工作电路

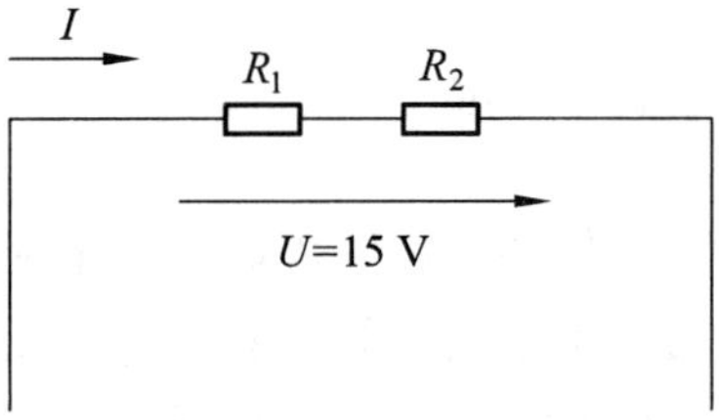

图 1-6-7　题（2）图

（3）电路如图 1-6-8 所示，流过 R_1 中的电流为 3 A，求：流过电阻 R_2 中的电流 $I_2=$________；电阻 R_1 上的电压 $U_1=$________；电阻 R_2 上的电压 $U_2=$________；总电压 $U=$________。

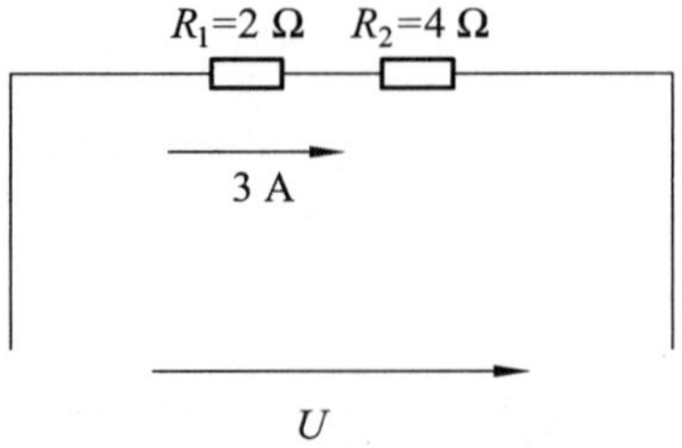

图 1-6-8　题（3）图

1.6.2　测试电阻并联电路

任务导航

小明在维修电子设备时，遇到了如下问题：急需一个 5 Ω 的电阻，而手头只有 10 Ω、20 Ω 等较大电阻，你能帮小明解决这个问题吗？其实，只需把 2 个 10 Ω 的电阻或者 4 个 20 Ω 的电阻并接，就能得到 5 Ω 的电阻。那么电阻并接后接在电路中会具有哪些特性呢？

知识加油站

如图 1-6-2、图 1-6-9 所示的连接，叫作电阻的并联，即电阻并列地连接在一起，由同一电压供电。

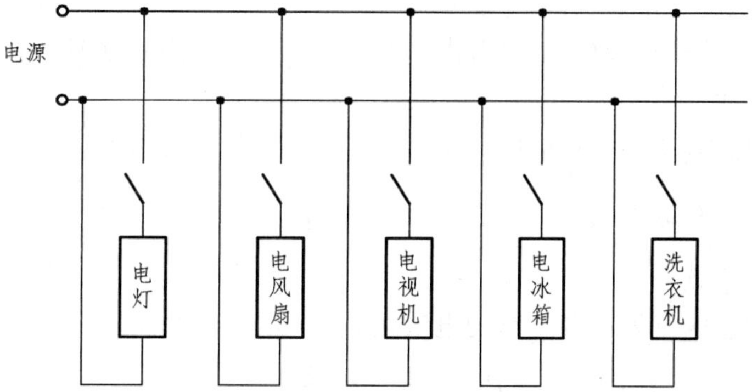

图 1-6-9　并联

电阻的串联、并联可以由两个或两个以上的电阻实现。串联或并联后的电阻可以用一个电阻表示，称为等效电阻。串联的电阻越多，其等效电阻越大（图 1-6-10）；并联的电阻越多，其等效电阻越小（图 1-6-11）。

图 1-6-10　电阻串联

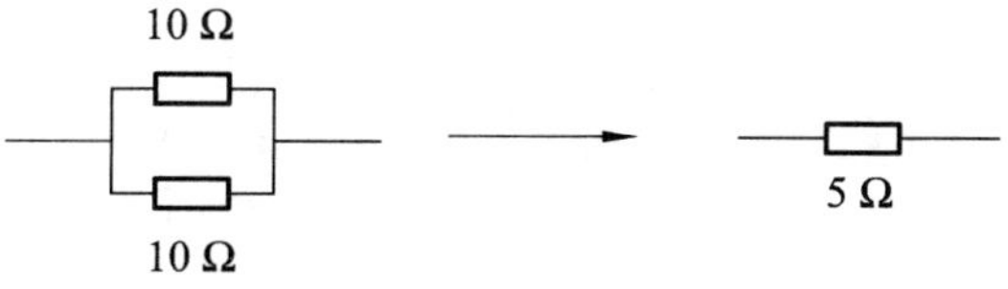

图 1-6-11　电阻并联

现将两个灯泡构成并联电路，如图 1-6-12 所示，两个灯泡亮度会怎样？

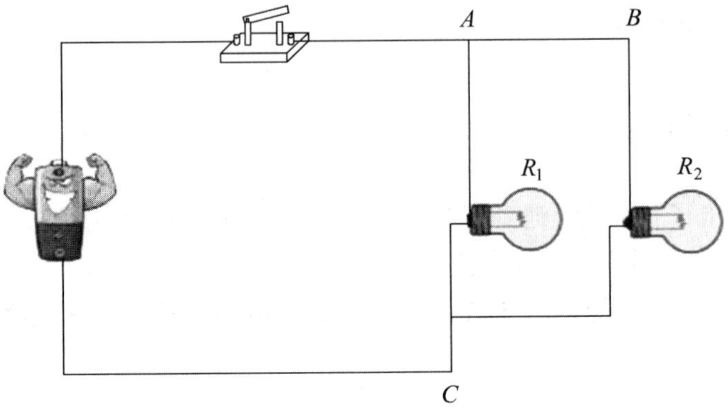

图 1-6-12　电阻的并联电路

在图 1-6-12 中，把 A 点断开，将万用表（电流表）串接到 R_1 电路中，测量电流 I_1。在 B 点断开，将电流表串接到 R_2 电路中，测量电流 I_2。把 C 点断开，将电流表串接到电路中，测量总电流 I。测量 A、C 两点间电压 U_{AC}，B、C 两点间的电压 U_{BC}，以及电源两端的总电压 U。

通过观察测量得到的数值可以看出：$I=I_1+I_2$。即电阻并联时，电路的总电流等于各电阻中电流之和。

各电阻两端的电压等于总电压：

$$U_{AC}=U_{BC}=U$$

并联电路的特点：

（1）电路的总电流等于各支路的电流之和。

$$I=I_1+I_2+\cdots+I_n$$

（2）各支路两端的电压等于总电压。

$$U=U_1=U_2=\cdots=U_n$$

（3）并联电路的等效电阻的倒数等于各个并联电阻的倒数之和。

$$\frac{1}{R}=\frac{1}{R_1}+\frac{1}{R_2}+\cdots+\frac{1}{R_n}$$

（4）支路电流与各支路电阻的阻值成反比，即分流公式为

$$I_1=\frac{R_2}{R_1+R_2}I\text{，}\quad I_2=\frac{R_1}{R_1+R_2}I$$

知识拓展

在实际工作中，电阻并联有如下应用：

（1）凡是额定工作电压相同的负载都采用并联的工作方式。这样每个负载都是一个可独立控制的回路，任一负载的正常启动或关断都不影响其他负载的使用。例如：工厂中的电动机、电炉以及各种照明灯具均并联工作。

（2）获得较小的电阻。

（3）扩大电流表的量程。

任务反馈

（1）如图 1-6-13 所示的电阻并联电路中，求：等效电阻 $R=$__________；电流 $I=$________；电阻 R_1 上的电流 $I_1=$________；电阻 R_2 上的电流 $I_2=$________；电阻 R_1 上的电压 $U_1=$__________；电阻 R_2 上的电压 $U_2=$__________。

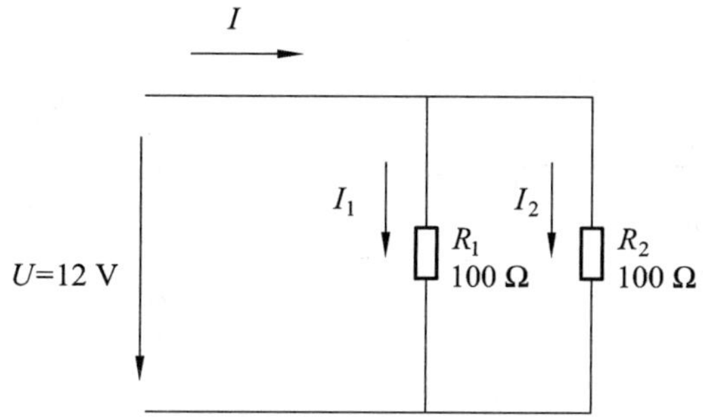

图 1-6-13　题（1）图

（2）上题中，若 $R_1=R_2=6\ \Omega$，重新求上述各项。

1.6.3　连接电阻混联电路

任务导航

观察图 1-6-14 所示电路，电阻之间的连接关系是怎样的？

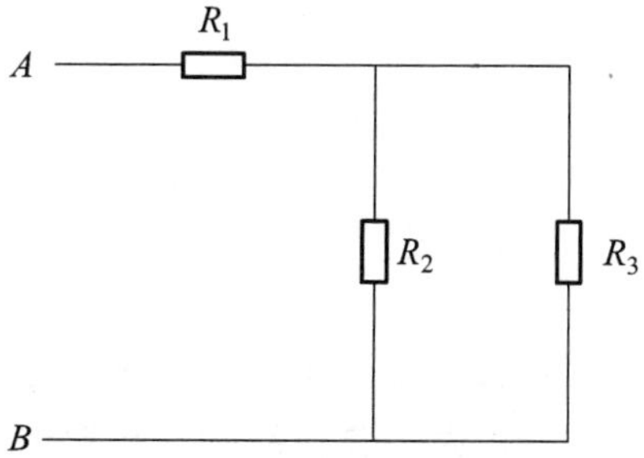

图 1-6-14　电阻混联

知识加油站

在一个电路中，既有电阻的串联，又有电阻的并联，这种连接方式称为混联。混联电路的串联部分具有串联电路的性质，并联部分具有并联电路的性质。混联电路的计算比单纯的串联、并联电路复杂，但只要掌握了串联电路、并联电路的分析方法及特点，按串联与并联的计算方法，一步一步地把电路简化，就可求出总的等效电阻。

根据图 1-6-15 所示的混联电路，怎样求出等效电阻 R_{AB}？分析过程如图 1-6-16 所示。

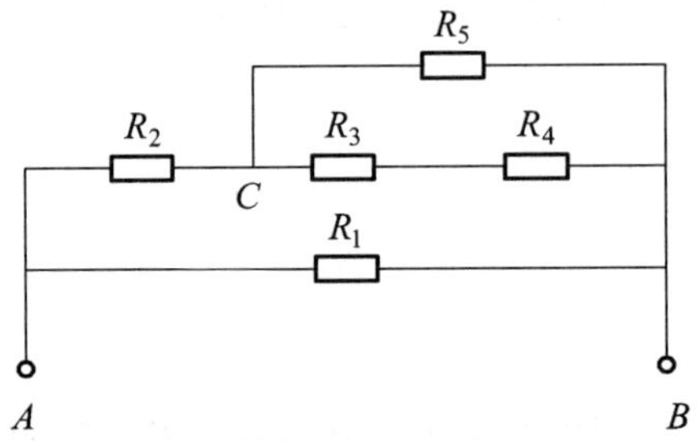

图 1-6-15　电阻混联

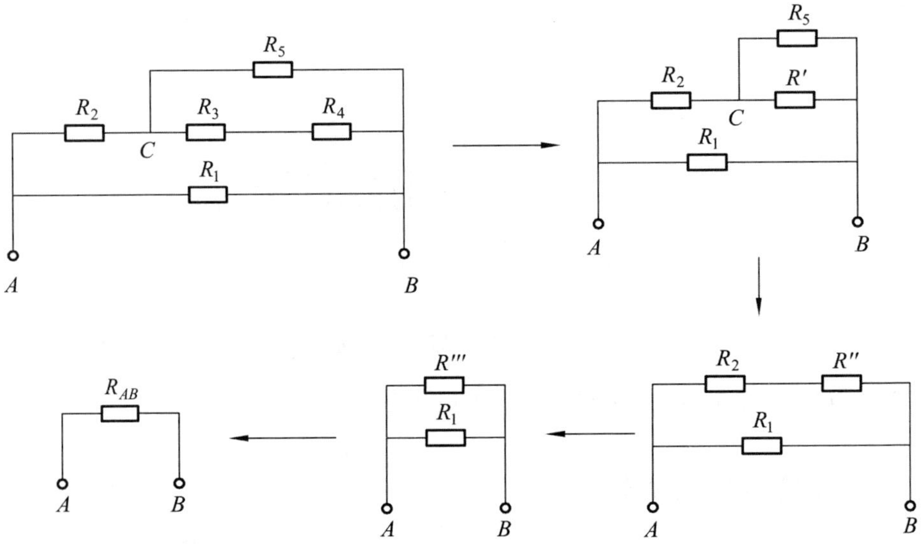

图 1-6-16　电路化简过程

知识拓展

在实际电路中，有些混联电路往往不易瞬时看清各电阻之间的连接关系，这时就需要根据电路的具体结构，按照电阻串、并联电路的定义和性质，进行电路的等效变换，使其电阻之间的关系一目了然，而后再求电路的等效电阻。

混联电路的一般分析方法如下：

（1）求混联电路的等效电阻。先计算各电阻串联和并联的等效电阻，再计算电路总的等效电阻。

（2）求混联电路的总电流。由电路的总的等效电阻和电路的端电压计算电路的总电流。

（3）求各部分的电压、电流。根据欧姆定律，电阻的串、并联特点求出电路各部分的电压、电流。

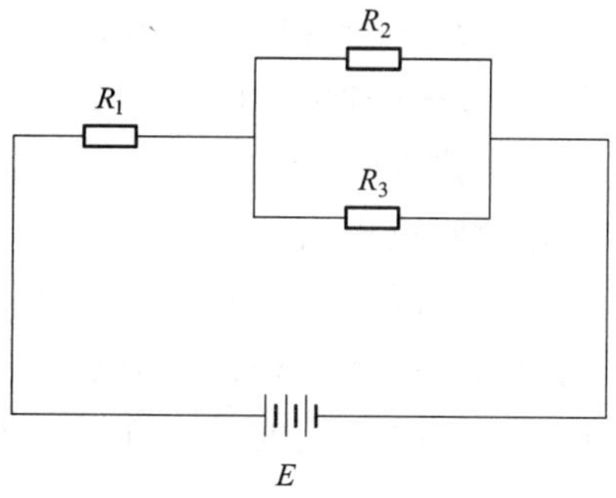

图 1-6-17　题（2）图

任务反馈

（1）在图 1-6-15 中，已知 $R_2 = R_3 = R_4 = 10\,\Omega$，$R_1 = R_5 = 20\,\Omega$，试计算等效电阻 R_{AB}。

（2）在图 1-6-17 所示电路中，已知 $R_1 = 1.8\,\Omega$，$R_2 = 2\,\Omega$，$R_3 = 3\,\Omega$，流过 R_2 的电流为 3 A，求流过 R_3 的电流是多少？电动势 E 为多少？

1.6.4　测量消耗的电能

任务导航

若在标有“220 V、40W”的白炽灯、“220 V、55W”的电风扇，“220 V、1500 W”的电吹风、“220 V、1000 W”的电饭煲两端都加上 220 V 电压，请问连续使用 1 h 后，哪个用电器消耗电能最多？哪个最少？分别为多少？

实际上，连续使用 1 h 后，标有“220 V、1500 W”的电吹风消耗电能最多，而标有“220 V、40 W”的白炽灯消耗电能最少。那么，什么是电能？什么是电功率？电能与电功率之间有什么关系？如何测量电能呢？

知识加油站

搬运工将重物举到高处，这是人力做功，消耗的是体能；使用电动葫芦同样也能把重物举到高处，这是电流做功，消耗的是电能。

电流做功的过程，实质上就是将电能转化为其他形式的能的过程。例如：电流通过电动机做功，电能转化为机械能；电流通过电炉做功，电能转化为热能；电流通过灯泡做功，电能转化为热能和光能；电流通过电解槽做功，电能转化为化学能等。有多少电能转换为其他形式的能，电流就做了多少功。

电流所做的功，称为电功，用字母 W 表示。电流做功的过程就是将电能转换成其他形式的能的过程。研究表明，电流在一段电路上所做的功等于这段电路两端的电压 U、电路中的电流 I 和通电时间 t 三者的乘积，即

$$W = UIt$$

式中　W——电功，单位是 J；

U——加在导体两端的电压，单位是 V；

I——导体中的电流，单位是 A；

t——通电时间，单位是 s。

上式表明，电流在一段电路上所做的功，与这段电路两端的电压、电路中的电流和通电时间成正比。

在国际单位制中，电功的单位是焦耳，简称焦，用字母 J 表示。如果加在导体两端的电压为 1 V，导体中的电流是 1 A，则 1 s 内的电功就是 1 J。在实际使用中，电能常用 kW · h（千瓦时，俗称度）为单位，它和焦耳的换算关系为

$$1\ \text{kW}\cdot\text{h} = 3.6\times10^{6}\ \text{J}$$

用来测量电路消耗电能的仪表称为电能表，如图 1-6-18 所示。

（a）机械式　　（b）电子式　　（c）预付费式

图 1-6-18　电能表

在相同的时间内，电流通过不同的用电器所做的功，一般并不相同。例如，电流通过电力牵引机车的电动机所做的功，显然要比通过微风电扇的电动机所做的功要大得多。为了表征电流做功的快慢程度，引入了电功率这一物理量。

电流在单位时间内所做的功称为电功率，用字母 P 表示，国际单位制是瓦特（W）。如果在时间 t 内，电流通过导体所做的功为 W，那么电功率

$$P = \frac{W}{t}$$

式中　W——电功，单位是 J；

t——时间，单位是 s；

P——电功率，单位是 W。

在实际工作中，电功率的常用单位还有千瓦（kW）、毫瓦（mW）等。它们之间的换算关系如下：

$$1\ \text{kW} = 10^{3}\text{W}$$
$$1\ \text{W} = 10^{3}\text{mW}$$

电功率的常见计算公式：

$$P = UI = I^2R = \frac{U^2}{R}$$

电烙铁通电后会发热，电水壶通电后可以将水烧开。电流通过导体时使导体发热的现象称为电流的热效应。也就是说，电流的热效应就是电能转换为热能的效应。

实验证明：电流通过某段导体（或用电器）时所产生的热量与电流的平方、导体的电阻及通电的时间成正比，这一定律称为焦耳—楞次定律，其数学表达式如下：

$$Q = I^2Rt$$

式中　Q——热量，单位是 J；

I——电流，单位是 A；

R——电阻，单位是 Ω；

t——时间，单位是 s。

电流的热效应有利也有弊。利用这一现象可制成许多电器，如电灯、电炉、电烙铁、电熨斗等；但热效应会使导线发热、电器设备温度升高等，若温度超过规定值，会加速绝缘材料的老化变质，从而引起导线漏电或短路，甚至烧毁设备。

为了保证电器元件和设备能长期安全工作，通常规定了一个最高工作温度。显然，工作温度取决于热量，而热量又由电流、电压或功率决定。所以，通常把电气设备安全工作时所允许的最大电流、最大电压和最大功率分别称为它们的额定电流、额定电压和额定功率。一般元器件和设备的额定值都标在其明显位置，如灯泡上标有“PZ220V-40W”的字样，表明这只灯泡用在 220 V 电压下，其电功率为 40 W。电动机的额定值通常标在其外壳的铭牌上，故其额定值也称铭牌数据（图 1-6-19）。

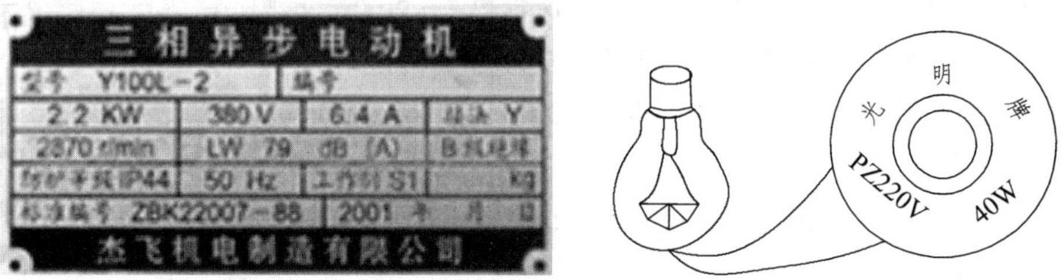

图 1-6-19　电气设备的铭牌

一只额定电压为 220 V、额定功率为 60 W 的灯泡，接到 220 V 电源上时，它的实际功率是 60 W，正常发光；当电源电压低于 220 V 时，它的实际功率小于 60 W，发光暗淡；当电源电压很低时，灯泡由于实际功率极小而不会发光；当电源电压高于 220 V 时，灯泡的实际功率就会超过 60 W，甚至烧坏灯泡。这给我们哪些提示？

电气设备在额定功率下的工作状态称为额定工作状态，也称满载；低于额定功率的工作状态称为轻载；高于额定功率的工作状态称为过载或超载。由于过载很容易烧坏用电器，所以一般不允许出现过载。预防过载的保护器件有熔断器、热继电器等。

知识拓展

电源接上负载后，电源要向负载输送功率，负载要从电源吸收功率。由于电源内阻的存在，电源输出的总功率由电源内阻消耗的功率与外接负载获得的功率两部分组成。如果内阻上的功率较大，负载上获得的功率就较小。那么，在什么情况下，负载才能获得最大的功率呢？

设电源电动势为 E，内阻为 r，负载为纯电阻 R，则有

$$P = I^2 R = \left(\frac{E}{R+r}\right)^2 R = \frac{RE^2}{(R+r)^2}$$

利用 $(R+r)^2 = (R-r)^2 + 4Rr$，上式可写成

$$P = \frac{RE^2}{(R-r)^2 + 4Rr} = \frac{E^2}{\dfrac{(R-r)^2}{R} + 4r}$$

当 $R=r$ 时，上式分母值最小，P 值最大，所以负载获得最大功率的条件是：负载电阻与电源的内阻相等，即 $R=r$，这时负载获得的最大功率为

$$P_m = \frac{E^2}{4R} = \frac{E^2}{4r}$$

由于负载获得最大功率也就是电源输出最大功率，因而这一条件也是电源输出最大功率的条件。

【例题】 如图 1-6-20 所示电路中，电源电动势 $E=20\ \text{V}$，内阻 $r=1\ \Omega$，电阻 $R_1=4\ \Omega$，要使 R_2 获得最大功率，R_2 应为多大？这时 R_2 获得的功率是多少？

【解】 把 R_1 看作电源内阻的一部分，则 R_2 获得最大功率的条件是

$$R_2 = R_1 + r = 4\ \Omega + 1\ \Omega = 5\ \Omega$$

这时 R_2 获得的功率是

$$P_\text{m} = \frac{E^2}{4R_2} = \frac{20^2}{4\times 5}\ \text{W} = 20\ \text{W}$$

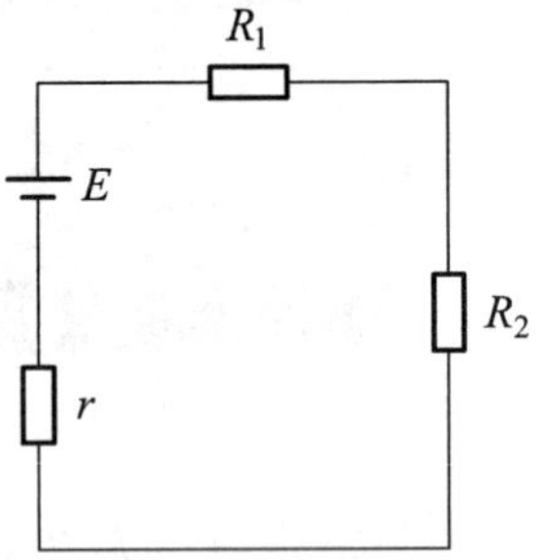

图 1-6-20　例题图

任务反馈

（1）某电烤箱电阻是 5 Ω，工作电压是 220 V，通电 15min 能放出多少能量？消耗的电能是多少度？

（2）一个标有“220 V，100 W”字样的白炽灯，试求：① 灯丝的热态电阻和白炽灯允许通过的额定电流。② 当其两端加 110 V 电压时，其消耗的实际功率为多少？

（3）一个电阻元件的铭牌上标有“100 Ω、1 W”的字样，请问该电阻允许通过的额定电流为多少？允许加在该电阻两端的额定电压又为多少？

（4）小明家现有“220 V，60 W”白炽灯一盏，若平均每天使用 3 h，电价是 0.56 元/（kW · h），则每月（以 30 d 计）应付多少电费？

任务 1.7　学习与应用基尔霍夫定律

知识与技能

（1）了解电路中的一些基本概念。
（2）掌握基尔霍夫电压定律和电流定律。
（3）能熟练运用基尔霍夫定律列出电流、电压方程式。
（4）掌握用支路电流法求解复杂电路的方法。
（5）理解实际方向与参考方向的概念。
（6）进一步练习电流表、电压表的使用。

1.7.1　测量支路电流

任务导航

观察图 1-7-1，各支路的电流方向能直接看出来吗？能否用串、并联方法及欧姆定律求解支路电流？此电路中的电阻是怎样的连接关系？

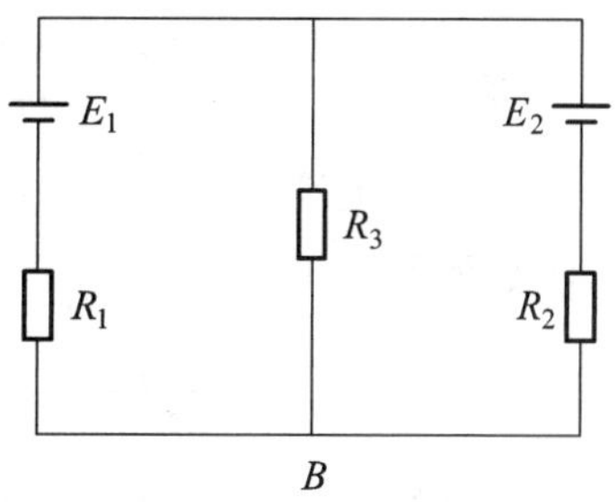

图 1-7-1　直流电路

我们把不能用串、并联方法及欧姆定律求解支路电流的电路称为复杂电路。通过任务七的学习能帮助我们解决复杂电路的计算问题。

知识加油站

在图 1-7-1 所示电路中：

（1）如 $A\text{-}R_3\text{-}B$、$A\text{-}E_1\text{-}R_1\text{-}B$、$A\text{-}E_2\text{-}R_2\text{-}B$ 部分电路，即电路中的每一个分支称为支路。它由一个或几个相互串联的电路元件所构成。其中含有电源的支路叫有源支路，不含电源的支路叫无源支路。

（2）如 A、B 两点，即三条或三条以上的支路所汇成的交点称为节点。

（3）如 A-E_1-R_1-B-R_2-E_2-A 这样的闭合路径，即任意一个闭合路径称为回路。一个回路可能只含一条支路，也可能包含几条支路。

（4）如 A-E_1-R_1-B-R_3-A 这样的中间不含其他支路的回路称为独立回路或网孔。

假定三条支路中的电流方向，如图 1-7-2 所示。按图示电流方向接入电流表，测量各支路电流并记录下来。

若电流表指针正偏，说明此支路电流实际方向与参考方向一致，此值应为正值。

若电流表指针反偏，说明此支路电流实际方向与参考方向相反，此时应将电流表极性对调后测量出数值，此值为负值。

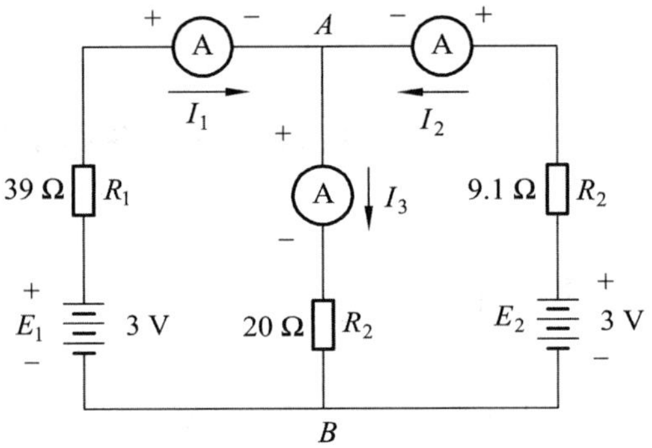

图 1-7-2　测量支路电流

根据测量结果，对于节点 A 有

$$I_1 + I_2 = I_3$$

若将上式移项，则有

$$I_1 + I_2 + (-I_3) = 0$$

基尔霍夫第一定律（节点电流定律 KCL）：在任一瞬间，流入一个节点的电流之和恒等于流出这个节点的电流之和，即

$$\sum I_{进} = \sum I_{出}$$

基尔霍夫第一定律（节点电流定律 KCL）的另一种形式：流过任意一个节点的电流的代数和等于零，即

$$\sum I = 0$$

在分析未知电流时，可先任意假设支路电流的参考方向，列出节点电流方程。通常可将流进节点的电流取为正值，流出节点的电流取为负值，再根据计算值的正负来确定未知电流的实际方向。有些支路电流的计算值可能是负值，这是由于所假设的电流方向与实际方向相反。

应用基尔霍夫第一定律时应注意以下几点：

（1）应用 KCL 时，首先看电流参考方向（箭头方向）指向节点为流入，背离节点为流出。

（2）$\sum I_{进} = \sum I_{出}$、$\sum I = 0$ 这两种形式本质上是一样的，可任选其一应用。

（3）计算结果中，I 为正值，说明电流实际方向与参考方向一致；I 为负值，说明电流实际方向与参考方向相反。

知识拓展

基尔霍夫第一定律不仅适用于节点，也可推广应用于任一假想的封闭面，称为广义节点。例如图 1-7-3 所示电路中闭合面所包围的是一个三角形电路，它有 3 个节点。应用基尔霍夫第一定律可以列出

$$I_A = I_{AB} - I_{CA}$$
$$I_B = I_{BC} - I_{AB}$$
$$I_C = I_{CA} - I_{BC}$$

上面三式相加得

$$I_A + I_B + I_C = 0$$

或

$$\sum I = 0$$

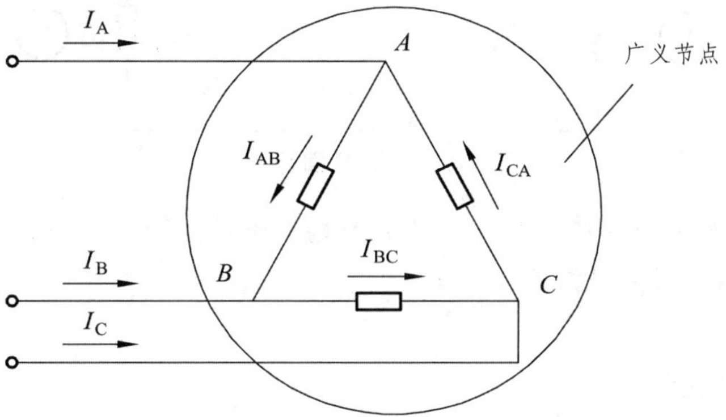

图 1-7-3　示例电路

可见，流入此闭合面的电流恒等于流出该闭合面的电流。

任务反馈

（1）如图 1-7-4 所示电路中有几条支路？几个节点？几个回路？几个网孔？

（2）如图 1-7-5 中，$I_1 = 2$ A，$I_2 = -3$ A，$I_3 = -2$ A，试求 I_4。

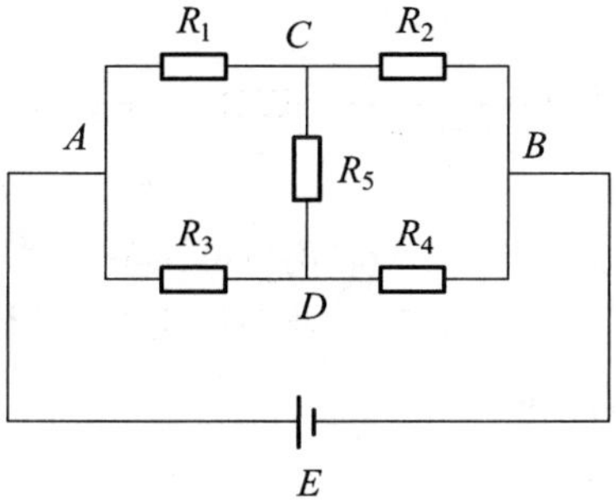

图 1-7-4　题（1）图

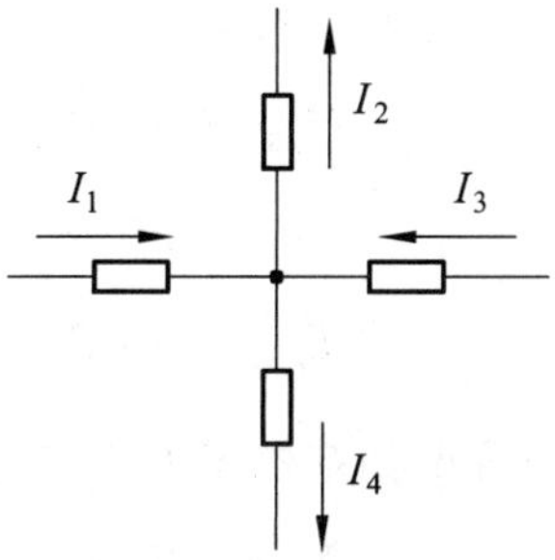

图 1-7-5　题（2）图

1.7.2 测量回路电压

任务导航

基尔霍夫第二定律研究的对象是回路，研究的问题是某个闭合回路中各段电压之间的关系。在如图 1-7-6 所示电路中，E_1、E_2 为直流稳压电源。闭合开关后，使用万用表测量各元件两端的电压（只记录数值大小）。

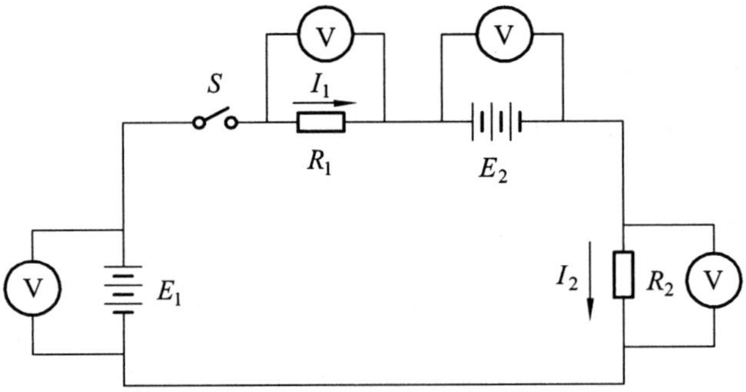

图 1-7-6 测量回路电压

在如图 1-7-6 所示电路中，E_1、E_2 为直流稳压电源。闭合开关后，使用万用表测量各元件两端的电压（只记录数值大小）。

知识加油站

基尔霍夫第二定律（回路电压定律，KVL）：在任一闭合回路中，各段电路电压降的代数和恒等于零。

$$\sum U = 0$$

电压方向与回路绕行方向一致，取正，电压方向与回路绕行方向相反，取负。

在图 1-7-7 中按虚线方向循环一周，根据电压与电流的参考方向列出

$$U_{AB} + U_{BC} + U_{CD} + U_{DA} = 0$$

即 $$-E_1 + I_1R_1 - E_2 + I_2R_2 = 0$$

或 $$E_1 + E_2 = I_1R_1 + I_2R_2$$

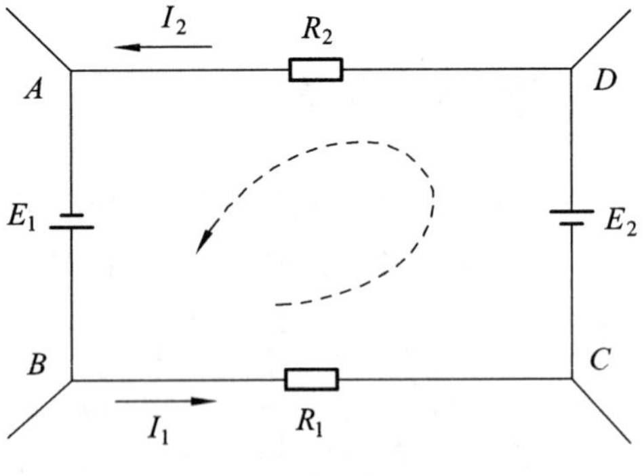

$E_1+E_2=I_1R_1+I_2R_2$

图 1-7-7 基尔霍夫第二定律

由此，可得到基尔霍夫第二定律的另一种表示形式

$$\sum E = \sum IR$$

基尔霍夫第二定律（电压定律，KVL）：在任一回路循环方向上，回路中电动势的代数和恒等于电阻上电压降的代数和。

在应用基尔霍夫第二定律分析回路时，凡电动势的方向与回路绕行方向一致者，取正，反之取负；凡电流的参考方向与回路绕行方向一致者，该电流在电阻上所产生的电压降取正，反之取负。

应用基尔霍夫第二定律时应注意以下几点：

（1）应用 KVL 时，首先选定回路绕行方向，此方向可任意选择，但选定后中途不能任意改变。

（2）将电路中的电动势和电压降分别取代数和，写在等号的两边，建立等式关系。

知识拓展

支路电流法是分析复杂电路的基本方法，它以支路电流为未知量，根据基尔霍夫第一定律和第二定律分别列出电路中的节点电流方程及回路电压方程，然后联立求解，计算各支路电流。下面以图 1-7-8 为例，具体说明支路电流法的应用。

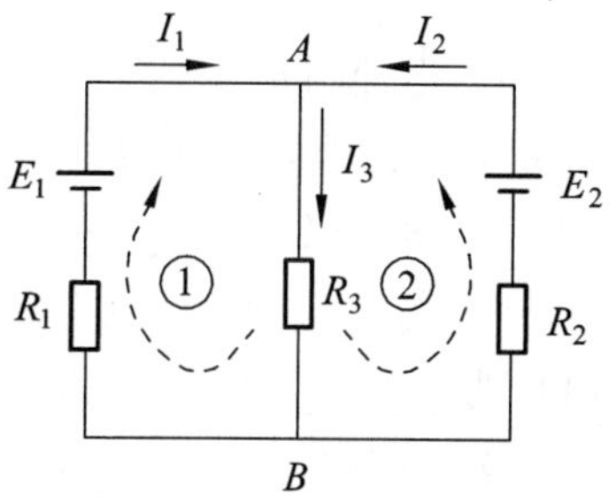

图 1-7-8　支路电流法

（1）在图中标出未知电流的参考方向。

电路中有几条支路，就有几个未知量。该电路中共有三条支路，可设有三个未知量 I_1，I_2，I_3。设支路数为 b，则 $b = 3$。

（2）根据基尔霍夫第一定律列出节点电流方程。

电路中有 A、B 两个节点，设节点数为 n，则 $n = 2$。按节点电流流入为正、流出为负的规定有：

节点 A：$I_1 + I_2 = I_3$

节点 B：$I_3 = I_1 + I_2$

显然，这两个方程是等价的，即其中只有一个独立方程。通常一个电路如果有 n 个节点，则可以列出（$n-1$）个独立方程，或称之为独立的电流方程。在该电路中因为 $n = 2$，所以只能列出一个节点电流方程。

（3）根据基尔霍夫第二定律列出回路电压方程。

在电路中共有三个回路，可列出三个电压方程，但其中仅有两个方程是独立的。此电路图中有三个未知电流，由基尔霍夫第一定律，基尔霍夫第二定律刚好列出三个独立方程。

通常，由基尔霍夫第二定律可列出 $b-$（$n-1$）个独立回路电压方程。

（4）代入已知，解联立方程组求出各支路电流。

任务反馈

列出图 1-7-8 所示电路中回路 1 和回路 2 的 KVL 方程式。

知识接力

一、填空题

1. ________称为电路，由__________供电的电路称为直流电路。

2. 电路一般由______、________、________和_________4 部分组成。

3. 电路最基本的作用：一是______________；二是_______________。

4. 电路通常有________、________和________三种状态。

5. 电荷的_______形成电流，电流用符号_______表示，国际单位是_______，常用单位还有_______和________。

6. 电流方向习惯上规定以________移动的方向为电流的方向，因此，电流的方向实际上与自由电子和负离子移动方向________。

7. 电压又称_______，用字母________表示，国际单位是_________。

8. 参考点的点位规定为________，低于参考点的电位为_______值，高于参考点的电位为________值。

9. 电路中某点的电位是指电路中_______与_______之间的电压；电位与参考点的选择_______关，电压与参考点的选择________关。

10. 对于电源来说，既有电动势，又有端电压，电动势只存在于电源_______部，其方向由________极指向________极；端电压只存在于电源外部，只有当电源_______时，电源的端电压和电源的电动势才相等。

11. 导体对电流的______作用称为电阻，用符号______表示，单位是______。比较大的单位还有_______、_______。

12. 在一定温度下，导体电阻的大小与导体的_______、_______和_______有关，可用公式表示为__________。

13. 电阻率的大小反映了物质的______能力，电阻率小、容易导电的物体称为______；电阻率大，不容易导电的物体称为________。

14. 一般来说，金属的电阻率随温度的升高而_______；纯净半导体和绝缘体的电阻率随温度的升高而_______；而有些合金材料的电阻率几乎不受温度变化的影响，常用来制作_______。

15. ___________称为内电路，__________称为外电路。

16. 全电路欧姆定律的内容是：闭合电路中的电流与__________成正比，与___________成反比。

17. 全电路欧姆定律还可表述为：电源电动势等于____________和______________之和。

18. 通常把__________随__________变化的关系曲线称为电源的外特性曲线。

19. 当电源具有一定值得内阻时，在通路状态下，端电压______电动势；在断路状态下，端电压_______电动势（填写“大于”“等于”或“小于”）

20. 有一包括电源的外电路电阻的简单闭合电路，当外电阻加倍时，通过的电流减为原来的 2/3，则外电阻与电源内阻之比为_________。

21. 如题图 1-1 所示，为一电阻的伏安特性曲线，该电阻为_______Ω；当它两端的电压为 0 时，其电阻为______Ω，流过的电流为________A。

22. 两个电阻的伏安特性如题图 1-2 所示，则 R_a 比 R_b_________（大、小），R_a = ______，R_b________。

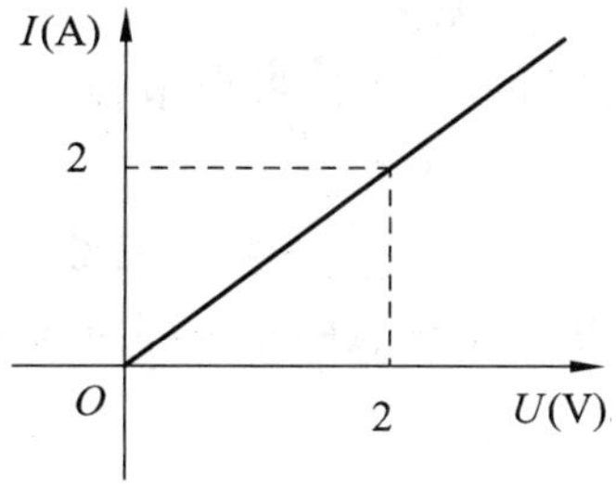

题图 1-1

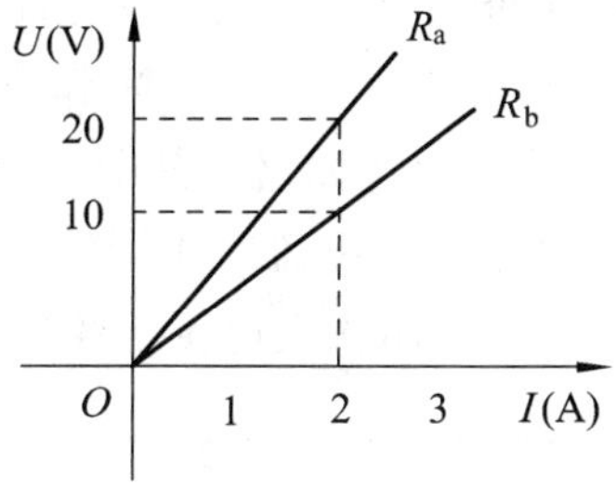

题图 1-2

23. 电流做功的过程，实质上就是将______能转化为________能的过程，电流所做的功称_______，用字母_______表示，单位是________。

24. 电能的另一个常用单位是_______，即通常所说的 1 度电，它的焦耳的换算关系为 1 J。

25. 电流在________所做的功，称为电功率；当流过用电器的电流一定时，电功率与电阻值成_______比；当加在用电器两端电压一定时，电功率与电阻值成_______比。

26. 电流通过导体时_______的现象叫作电流的热效应，所产生的热也称______热。

27. 用电设备在_____________的工作状态叫作额定工作状态，也叫满载；____________的工作状态叫作轻载；_____________的工作状态叫作过载或超载。

28. 某导体的电阻是 1 Ω，通过它的电流是 1 A，那么 1 min 内通过导体横截面的电量是_______C；电流做的功是_______J；产生的热量是_______J；消耗的功率是_______W。

29. 有一个标有“1 kΩ，10 W”的电阻，允许通过的最大电流是________A，允许加在它两端的最大电压是________V。

30. 一个标有“220 V，40 W”的灯泡，它在正常工作条件下的电阻是________Ω，通过灯丝的电流是________A。

31. 负载从电源取得最大功率的条件是__________________________，其最大功率 P_{max} = ______________。

32. 在串联电路中，阻值越大的电阻分配到的电压越_______；在并联电路中，阻值越大的电阻分配到的电流越________。

33. 将阻值 R_1、R_2 的电阻串接在总电压为 U 的电路中，则两个电阻两端的电压分别为 $U_{R1}=$__________，$U_{R2}=$___________。

34. 两根材料相同的电阻丝。长度之比为 1∶5，横截面之比为 2∶3，它们的电阻之比为_________。将它们串联时，它们的电压之比为_________，电流之比为_________；并联时，它们的电压之比为________，电流之比为_________。

35. 电阻串联可获得阻值________的电阻，还可以扩大_________表的量程；电阻并联可获得阻值________的电阻，还可以扩大________表的量程，工作电压相同的负载几乎都是________联使用的。

36. 不能用电阻串、并联化简求解的电路称为________电路。

37. 电路中__________叫作支路；___________支路的汇交点叫作节点；电路中___________都叫作回路，其中，最简单的回路又叫作_______或者________。

38. 基尔霍夫电流定律指出：流过电路任一节点______________为零，其数学表达式为_________；基尔霍夫电压定律指出：从电路的任一点出发绕任意回路一周回到该点时，______________________________为零，其数学表达式为_______________。

二、判断题

1. 金属导体中电子移动的方向就是电流的方向。 (　　)
2. 导体两端有电压，导体中才会产生电流。 (　　)
3. 电压是衡量电场力做功本领的物理量。 (　　)
4. 电路中参考点改变，各点的电位也将改变。 (　　)
5. 电源电动势的大小由电源本身性质所决定，与外电路无关。 (　　)
6. 电源内部电子在外力作用下由负极移向正极。 (　　)
7. 电路无论空载还是满载，电源两端的电压都保持恒定不变。 (　　)
8. 在开路状态下，开路电流为零，电源端电压也为零。 (　　)
9. 功率越大的电器，通过它的电流做的功越多。 (　　)
10. 用电器正常工作的基本条件是供电电压等于用电器的额定电压。 (　　)
11. 把“25 W，220 V”的灯泡接在“1000 W，220 V”发电机上时灯泡会烧坏。 (　　)
12. 通过电阻上的电流增大到原来的 2 倍时，它所消耗的功率也增大到原来的 2 倍。 (　　)
13. 两个额定电压相同的电炉，$R_1>R_2$，因为 $P=I^2R$，所以电阻为 R_1 的电炉功率大。 (　　)
14. 度是电功率的一种单位。 (　　)
15. 如果电源被短路，输出的电流最大，此时电源输出的功率也最大。 (　　)
16. 电阻并联后的总电阻值总是小于任一电阻的阻值。 (　　)

17. 在电阻分压电路中，电阻值越大，其两端分得的电压就越高。（　　）

18. 电阻两端电压为 10 V 时，电阻值为 10 Ω，当电压升至 20 V，电阻值将为 20 Ω。（　　）

19. 每一条支路中的元件，仅是一只电阻或一个电源。（　　）

20. 电路中任一网孔都是回路。（　　）

21. 电路中任一回路都可以称为网孔。（　　）

22. 电路中任意一个节点上，流入节点的电流之和，一定等于流出该节点的电流之和。（　　）

23. 采用支路电流法用基尔霍夫电流定律列节点电流方程时，若电路有 n 个节点，则一定要列出 n 个节点电流方程。（　　）

三、选择题

1. 下列关于电流说法正确的是（　　）

A. 通过的电量越多，电流就越大。

B. 通电时间越长，电流就越大。

C. 通电时间越短，电流就越大。

D. 通电一定电量时，所需时间越短，电流就越大。

2. 题图 1-3 所示为电流的波形图，其中（　　）为脉动直流电。

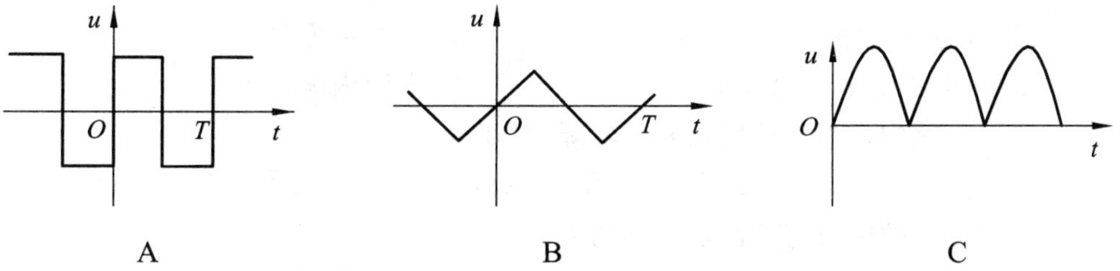

题图 1-3

3. 通过一个导体的电流是 5 A，经过 4 min，通过导体横截面的电量是（　　）

A. 20 C　　B. 50 C　　C. 1200 C　　D. 2000 C

4. 电源电动势是衡量（　　）做功本领大小的物理量。

A. 电场力　　B. 外力　　C. 电源力

5. 电路中任意两点电位的差值称为（　　）。

A. 电动势　　B. 电压　　C. 电位

6. 电路中任意两点的电压高，则（　　）。

A. 这两点的电位都高　　B. 这两点的电位差大

C. 这两点的电位都大于零

7. 在电路计算时与参考点有关的物理量是（　　）。

A. 电压　　B. 电位　　C. 电动势

8. 电阻大的导体，其电阻率（　　）

A. 一定大　　B. 一定小　　C. 不一定大

9. 两根材料相同的导线，截面积之比为 2:1，长度之比 1:2，那么，两根导线的电阻之比是（　　）

A. 1∶1　　B. 4∶1　　C. 1∶4　　D. 1∶2

10. 关于万用表的使用方法，下列说法错误的是（　　）

A. 在测量过程中，应根据测量量的大小拨动转换开关，为了便于观察，不应分断电源

B. 测量结束后，转换开关应拨到交流最大电压挡或空挡

C. 测量电阻时，每换一次量程，都应进行一次调零

11. 导体的电阻不但与导体的长度、横截面积有关，而且还与导体的（　　）有关。

A. 电流　　B. 电压　　C. 距离　　D. 材质

12. 电源电动势是 2 V，内电阻是 0.1 Ω，当外电路断路时，电路中的电流和端电压分别为（　　）

A. 0　2 V　　B. 20 A　2 V　　C. 20 A　0　　D. 0　0

13. 在上题中，当外电路短路时，电路中的电流和端电压分别为（　　）

A. 0　2 V　　B. 20 A　2 V　　C. 20 A　0　　D. 0　0

14. 用电压表测得电路端电压为 0，这说明（　　）

A. 外电路断路　　B. 外电路短路

C. 外电路上电流比较小　　D. 电源内电阻为零

15. 在全电路中，当负载短路时，电源内压降（　　）

A. 为零　　B. 等于电源电动势　　C. 等于端电压

16. 一段导线的电阻与其两端所加的电压（　　）

A. 一定有关　　B. 一定无关　　C. 可能有关

17. “12 V，6 W”的灯泡，接人 6 V 电路中，通过灯丝的实际电流是（　　）。

A. 1 A　　B. 0.5 A　　C. 0.25 A　　D. 0.125 A

18. 220 V 的照明用输电线，每根导线电阻为 1 Ω，通过的电流为 10 A，则 10 min 内可产生（　　）热能。

A. 1×10^4 J　　B. 6×10^4 J　　C. 6×10^3 J　　D. 1×10^3 J

19. 一度电可供“220 V，40 W”的灯泡正常发光的时间是（　　）

A. 20 h　　B. 40 h　　C. 45 h　　D. 25 h

20. 若某电源开路电压为 120 V，短路电流为 2 A，则负载从该电源获得的最大功率是（　　）

A. 240 W　　B. 60 W　　C. 600 W

21. 在电阻串联电路中，相同时间内，电阻越大，发热量（　　）

A. 越小　　B. 越大　　C. 无法确定

22. “220 V，100 W”的灯泡经一段导线接在 220 V 的电源上时，它的实际功率为 81 W，则导线上损耗的功率是（　　）

A. 19 W　　B. 9 W　　C. 10 W　　D. 38 W

23. 两导体并联时的电阻值为 2.5 Ω，串联时的电阻值为 10 Ω，则两个导体的电阻值（　　）

A. 一定都是 5 Ω　　B. 可能都是 5 Ω

C. 不一定相等　　D. 可能都是 10 Ω

24. 给内阻为 9 kΩ，量程为 1 V 的电压表串联电阻后，量程扩大为 10 V，则串联电阻为（　　）

A. 1 kΩ　　B. 90 kΩ　　C. 81 kΩ　　D. 99 kΩ

25. 某电路的计算结果是：$I_2 = 2$ A、$I_3 = -3$ A，它表明：（　　）

A. 电流 I_2 与电流 I_3 方向相反　　B. 电流 I_2 大于 I_3

C. 电流 I_3 大于 I_2　　D. I_3 的实际方向与参考点方向相同

26. 某电路有 3 个节点和 7 条支路，采用支路电流法求解各支路电流时，应列出电流方程和电压方程的个数分别为（　　）

A. 3、4　　B. 4、3　　C. 2、5　　D. 4、7

四、简答题

1. 三个电阻的阻值关系为 $R_1 > R_2 > R_3$，并联后的等效电阻为 R。试问 R_1、R_2、R_3、R 四个电阻哪个最大？哪个最小？

2. 三个电阻 R_1、R_2、R_3 并联，若 $R_1 = 10\ \Omega$，$R_2 = 100\ \Omega$，R_3 短路，并联后的等效电阻是多少？

五、计算题

1. 已知 $U_{AB} = 20$ V，$U_{BC} = 40$ V，若以 C 为参考点，则 U_A 和 U_B 各为多少？

2. 某电路如题图 1-4 所示。

（1）以 C 为参考点，则 U_A、U_B、U_C、U_{AB}、U_{BC}、U_{AC} 各为多少？

（2）若以 B 为参考点，则 U_A、U_B、U_C、U_{AB}、U_{BC}、U_{AC} 又应为多少？

（3）试比较上述两小题的结果，可得出什么结论？

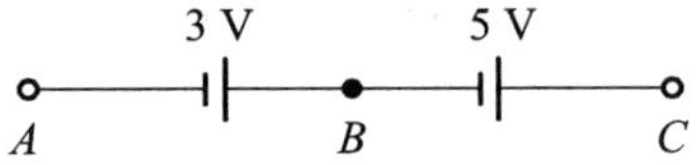

图 1-4

3. 有一段导线，电阻为 8 Ω，如果把它对折起来作为一条导线使用，电阻值是多少？如果把它均匀拉伸，使它的长度变为原来的二倍，电阻值又是多少？

4. 人体通过 20 mA 电流时就会引起呼吸器官麻痹，如人体最小电阻为 800 Ω，则人体的安全工作电压为多少？说明为什么人体接触 220 V 电线时会发生危险，而接触干电池（1.5 V）时没有感觉。

5. 由电动势为 110 V，内阻为 1 Ω 的电源给负载供电，负载电流为 10 A，求通路时的电源输出电压。若负载短路，求短路电流和电源输出电压。

6. 一个灯泡接在 220 V 的电压上，通过灯泡的电流是 0.5 A，通电时间是 1 h，它消耗多少电能？合多少度电？

7. 将一个“220 V，60 W”的灯泡接到 110 V 的电压上，它的实际功率是多少？能正常发光吗？

8. 一台标有“2 kW，220 V”的电炉，求：

（1）电炉正常工作时的电流；

（2）电炉的电阻；

（3）如果每天使用 3 h，一个月（30 d）消耗的电能；

（4）如果把它接到 110 V 电源上，实际消耗的功率。

9. 如题图 1-5 所示的三个 12 Ω 的电阻是串联、并联，还是混联？总电阻 R_{AB} 等于多少？

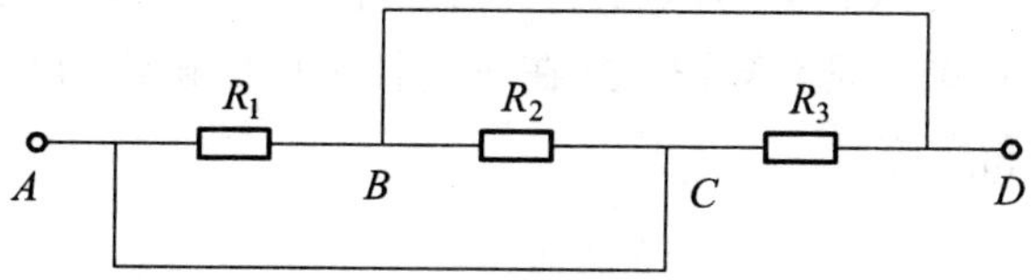

题图 1-5

项目 2　电容器和电磁现象

电阻器、电容器、电感器是组成电路的三大基本元器件。电容器是一种储能元件，具有充、放电的特点，在电路中有着非常广泛的应用。磁与电密不可分，几乎所有的电器设备都应用到磁与电磁感应的基本原理，如发动机、电动机、变压器。

本项目主要学习电容器的基本概念、电容器的参数和种类、电容器的连接、电容器的充电与放电、电容器的识别与检测及其典型应用。教学中把“常用电容器的参数和种类”“电容器的识别与检测”等与生产生活紧密结合的教学内容作为本单元的核心；为尽可能贴近工作岗位，说明电容器在电路检测与维修中的重要作用，把“电容器充放电的工作特点”等应用性强的知识作为本单元重点关注的内容。

本项目还将学习磁场、电流的磁效应、磁的基本物理量、铁磁性物质的磁化、电磁感应、电感器、自感与互感及其在工程技术中的应用等相关知识。

本项目每个任务根据内容特点采用“任务导航”“知识加油站”“知识拓展”和“任务反馈”“知识接力”的方式，将知识点融于操作过程中，实现“做中学”和“学中做”，在认识和操作的过程中掌握理论知识，并在每个任务中明确学习目标及学习要点，以便于探究性学习的开展和实施。

任务 2.1　拆解、认识电容器的基本知识

知识与技能

（1）知道电容器的种类、外形、结构、符号、认识常见的电容器。

（2）理解电容器的额定工作电压、标称容量和允许误差等参数的含义，并正确识读。

（3）了解电容器充电和放电过程，学会电解电容器的极性判别。

（4）理解电容器电容的概念及定义式，并能用来进行有关的计算。

（5）锻炼学生的实践操作能力、团队协作能力、组织能力。

（6）理论结合实际，提高学生自主学习的能力。

2.1.1 电容器与电容

任务导航

利用照相机拍照，观察闪光灯曝光的现象，引出电容器在电子线路中的应用，如图 2-1-1 所示。

图 2-1-1　电子线路板

知识加油站

一、电容器的基本结构与符号

电容器是一种能储存电荷的容器，它是由两片靠得较近的金属片，中间隔以绝缘物质而组成的。通常把组成电容器的两块金属导体叫极板，极板通过电极与电路连接。电容器的基本结构如图 2-1-2 所示。

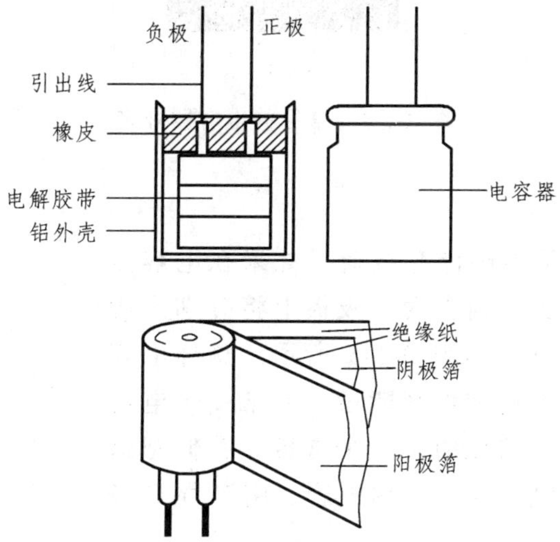

图 2-1-2　电容器的结构

（1）电容器的结构：__________、__________、__________。

（2）电容器的符号如图 2-1-3 所示。

图 2-1-3　电容器符号

二、电容器与电容量

1. 常见电容器外形及分类

电容器简称电容，是构成电路基本原件之一，在电子产品和电气设备中有广泛的应用。

定义：电容器是储存电荷的容器，凡是被绝缘物质分开的两个导体的组成，即构成电容器。电容器尽管种类繁多，形状各异，但基本结构是一样的，它是由两片靠得较近的金属板中间再隔以绝缘物质组成的。在构造上，又分为固定电容器和可变电容器。按绝缘介质不同又可分为云母电容、瓷片电容、纸介电容、电解电容器等，其外形如图 2-1-4 所示。

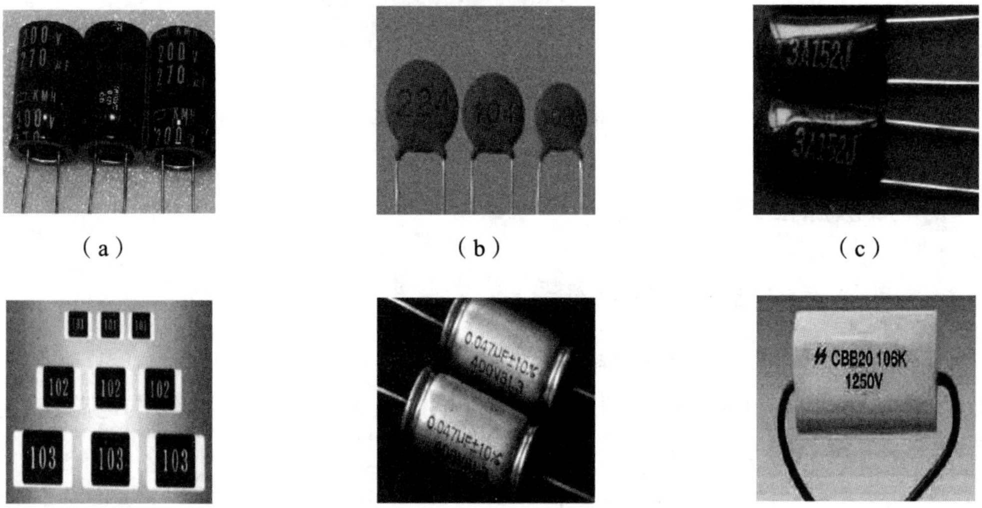

（a）　（b）　（c）

（d）　（e）　（f）

图 2-1-4　常见的电容器外形

2. 电容量

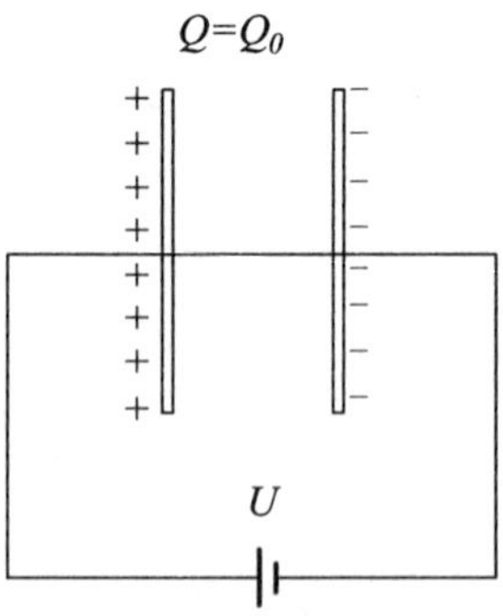

图 2-1-5　电容器储存的电荷

电容器基本特性是能够储存电荷。如果在电容器的两个极板上加上电压，则在两个极板上将分别出现数量相等的正、负电荷，如图 2-1-5 所示。这样电容器就储存了一定量的电荷和电场能量。对某一个电容器来说，电荷量与电压的比值是一个常数，我们把这一比值称为电容器的电容量，简称电容，用符号 C 表示，用公式表示为

$$C=\frac{Q}{U}$$

式中　Q——电容器任一极板所存的电荷量，单位是 C；

U——电容两端电压，单位是 V；

C——是电容量，单位是 F。

电容器量单位是法拉，简称法，用字母 F 表示。实际应用时，F 这个单位太大，通常用远远小于 F 的单位 μF（微法）和 pF（皮法），它们之间的关系是

$$1\ \mu F=10^{-6}\ F$$
$$1\ pF=10^{-12}\ F$$

【例题】将一个电容器接到输出电压为 12 V 的直流电源上，充电结束后，电容器两极板上所带的电荷量均为 1.2×10^{-3} C，求该电容器的电容量。

【解】该电容器的电容量为

$$C=\frac{Q}{U}=\frac{1.2\times10^{-3}}{12}\ F=10^{-4}\ F=100\ \mu F$$

3. 电容器的主要性能指标

（1）电容器的标称容量与允许误差。

电容器上所表明的电容值称为标称容量。标称容量一般并不等于实际电容值，与实际电容值有误差。国家标准规定标称容量与实际容量之间误差的允许范围称为允许误差。国家电工委员会推荐的允许误差用字母表示，见表 2-1-1 所示。

表 2-1-1　允许误差推荐值及符号

允许误差	±0.5%	±1%	±2%	±5%	±10%	±20%	±30%	+100% −0	+50% −20%	+80% −20
表示符号	D	F	G	J	K	M	N	P	S	Z

（2）电容器的额定工作电压。

电容器在电路中能够长期工作，而不会引起介质电性能受到破坏时，所能承受的最大直流电压值称为额定工作电压，简称额定电压，习惯上称为“耐用”。电容器在工作时，其两端所加电压的最大值不得超过额定工作，否则介质的绝缘性能将受到破坏，致使电容器击穿。

观察与思考：如图 2-1-6 所示，你知道 2200μF、25 V、224、103 等数字和符号的含义吗？

（a）

（b）

图 2-1-6　电容器的主要参数

三、电容器的标志法

1. 直标法

直标法就是在电容器的表面直接标出其主要参数和技术指标的一方法。

2. 文字符号标志法

文字符号法就是将文字和数字符号有规律地组合起来，在电容器表面上标志出主要特性参数。由数字和字母相结合：如 10p 代表 10 pF；4.7 m 表示 4.7 mF，即 4700 μF；3n3 表示 3.3 nF，即 3300 pF，其特点是省略 F，小数点部分用 p、n、m 表示。

3. 数码法

用三位数字表示，第一、二位为有效数字位，第三位为倍率，电容量的单位是 pF，如 103 表示 10×10^3 pF，即 0.01 μF；224 表示 22×10^4 pF，即 0.22 μF。

4. 色标法

色标法就是用不同颜色的色带或色点在电容器表面标出其主要参数的标注方法。电容器的色码一般只有三环，前两环色码表示有效数字，第三环色码表示倍率，标称容量的单位为 pF。若色环顺序排列分别为黄、紫、棕，则该电容器的标称容量为 47×10^1 pF 即为 470 pF。

知识拓展

在特殊场合或设备中，经常用到特殊的电容器，如电力电容器、启动电容器等。如图 2-1-7 所示。

（a）电力电容器　　（b）启动电容器

图 2-1-7　特殊的电容

任务反馈

（1）任何两个被绝缘物质隔开的而又相互靠近的导体，就可以称为__________。

（2）有一个 40 μF 的电容器，其两端加上 9 V 的直流电压，充电结束后，电容器的极板上所带的电荷量是__________。

（3）电容器的主要性能指标：__________、__________、__________。

（4）电容器的工作电压是指电容器正常工作时，允许加在其两端的______电压值。

（5）电容器上标有“103”字样，则其标称容量为______pF，即______μF。

2.1.2　电容器的充放电

任务导航

实物图演示如图 2-1-8 所示。图为电容器充放电实验电路图。图中 E 为直流电源，A、V 为直流电流表、直流电压表，S 为单刀双掷开关，HL 为指示灯。

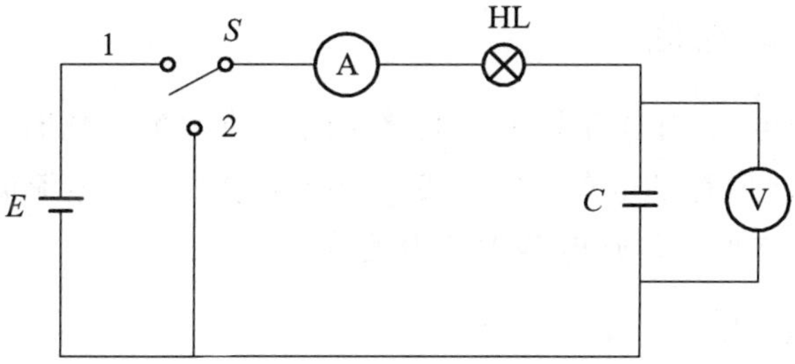

图 2-1-8　电容器充放电电路图

知识加油站

一、电容器的充电过程（图 2-1-8）

（1）将开关 S 置于 1 位时，构成充电电路。

① 开始时指示灯 HL_______（较亮，较暗），然后逐渐_______（变暗，变亮）。说明电路中充电的（电流，电压）在变化。

② 同时电流表的读数_______（减小，增大），电压表的读数_______（减小，增大），经过一段时间后，指示灯 HL_______（熄灭，更亮）。当电流表的读数_______（0，最大），同时电压表的读数_______（0，$U_C=E$）时；说明电容器两端的电压_______（突然变化、逐渐变化）。

使电容器带电（储存电荷）的过程称为充电。在充电过程中，电容器储存电荷，把电能转换成电场能，因此相对于电阻器这个“耗能元件”来说，电容器是一种“储能元件”。

二、电容器的放电过程（图 2-1-8）

（1）将开关 S 置于 2 位时，构成放电电路。

① 开始时电灯 EL_____（较亮，较暗），然后逐渐_____（变暗，变亮）。说明电路中充电的_____（电流，电压）在变化。

② 同时电流表的读数_____（减小，增大），电压表的读数____（减小，增大），经过一段时间后，指示灯 HL____（熄灭，更亮）。当电流表的读数____（0，最大），同时电压表的读数____（0、$U_C=E$）。说明电容器两端的电压____（突然变化，逐渐变化）。

使充电后的电容器失去电荷（释放电荷和电能）的过程称为放电。例如，用一根电线把电容器的两极板接通，两极板上的电荷互相中和，电容器就会放出电荷和电能。放电后电容器两极板之间的电场消失，电能转换为其他形式的能。

（2）将开关迅速在 1 位、2 位之间转换，指示灯 HL 会______（始终亮、灭掉），说明电路中______（有、没有）电流。所以电容器具有_______（隔直流、通交流、阻直流、隔交流）的特性。

三、电容器中的电流

在充放电过程中可知:当电容器极板上储存的电荷发生变化时，电路中就有电流流过；若电容器极板上所储存的电荷恒定不变，则电路中就没有电流流过。设在时间段内，电容器极板上的电荷增加了，则电路中的电流为

$$i=\frac{\Delta Q}{\Delta t}$$

把 $Q=CU_C$ 代入得：$i=C\dfrac{\Delta U_C}{\Delta t}$ 式。中说明，通过电容器的电流正比于电容器电压随时间的变化率。

四、电容器的特点

（1）电容器是一种_______元件（储能、耗能）。

（2）电容器两端电压________突变（能、不能）。

（3）电容器能够________（隔、通）直流，________（隔、通）交流。

知识拓展

在进行电路或电器维修时，如果碰到大容量的电容器，应先通过短接将其电荷放掉后再进行维修，以防被电击。电容器放电的快慢与电容器容量 C 的大小和放电回路中的电阻 R 的乘积成正比。

任务反馈

在电容器充电过程中，充电电流一开始为__________，然后_________，直接到为__________。此时，电容器两端的电压却从__________变化到_________ 。充电结束的电容器相当于一个_________。

任务 2.2　电容器的连接

知识与技能

（1）掌握电容器串、并联电路的特点。

（2）能根据要求正确利用串、并联方式获得合适的电容。

（3）锻炼学生的实践操作能力、团队协作能力、组织能力。

（4）理论结合实际，提高学生自主学习的能力。

2.2.1　电容器的串联与并联

任务导航

小明在维修和设计电路时，碰到了以下两种情况：一是手头有多个电容器，但每个电容器的耐压都不能满足电路的要求；二是手头有多个电容器，但每个电容器的容量都不能满足电路的要求，你能帮他解决这些问题吗？

在实际应用中，电容器的选择主要考虑电容器的容量和额定工作电压。如果电容器的容量和额定工作电压不能满足电路的要求，可以将电容器做适当的连接，及串联或并联，以满足电路的工作需要。那么串、并联后接在电路中会具有哪些基本特性呢？本节将学习电容器串、并联电路及相关知识。

知识加油站

一、电容器的串联电路

1. 电容器的串联

将两个或两个以上的电容器的极板首尾依次相连，中间无分支的连接方式称为电容器的串联（图 2-2-1）。

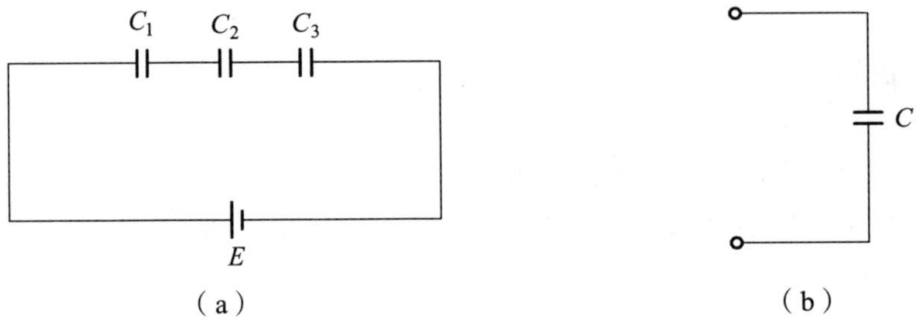

图 2-2-1 电容器的串联

2. 电容器串联电路的特点

（1）每个电容器所带的电荷量相等，即

$$Q = Q_1 = Q_2 = \cdots = Q_n$$

（2）串联电容器的等效电容（总容量）C 的倒数等于各个电容量倒数之和，即

$$\frac{1}{C} = \frac{1}{C_1} + \frac{1}{C_2} + \cdots + \frac{1}{C_n}$$

当两个电容器串联时，其等效电容为

$$C = \frac{C_1C_2}{C_1 + C_2}$$

若 n 个相同容量的电容串联，且容量都为 C_0，则等效电容量为

$$C = \frac{C_0}{n}$$

（3）总电压 U 等于每个电容器上的电压之和，即

$$U = U_1 + U_2 + \cdots + U_n$$

每个串联电容器上实际分配的电压与其电容量成反比，即：容量大的分配的电压小，容量小的分配的电压大。若只有两只电容器，则根据上述原理，每只电容器上分配的电压为

$$U_1 = \frac{C_2}{C_1 + C_2} U$$

$$U_2 = \frac{C_1}{C_1 + C_2} U$$

式中　U——总电压；

U_1——C_1上分配的电压；

U_2——C_2上分配的电压。

（3）电压的分配。电容器串联电路中各电容器两端的电压与其自身的电容成反比。两个电容器串联时，因为$q_1 = q_2$，则有$C_1U_1 = C_2U_2$，即

$$\frac{U_1}{U_2} = \frac{C_2}{C_1}$$

3. 电容器串联电路的应用

当一个电容器的耐压不能满足电路要求时，可用多个电容器串联。但应注意，电容大的电容器分配的电压小，电容小的电容器分配的电压反而大。因此电容器串联电路常应用于耐压不够的场合。

【例题】有两只电容器，其容量和额定电压分别为：20 μF/50 V，10 μF/50 V。若将它们串联在 100 V 的直流电压上使用，求等效电容量和每只电容器上分配的电压。试问，这样使用是否安全？

【解】设 $C_1 = 20$ μF，$C_2 = 10$ μF

串联后的电量为

$$C = \frac{C_1C_2}{C_1+C_2} = \frac{20\times10}{20+10}\ \mu\text{F} = 6.67\ \mu\text{F}$$

由式（2-9）得C_1上分配的电压为

$$U_1 = \frac{C_2}{C_1 + C_2} U = \frac{10\ \mu\text{F}}{20\ \mu\text{F} + 10\ \mu\text{F}} \times 100\ \text{V} \approx 33.3\ \text{V}$$

C_2上分配的电压为

$$U_2 = \frac{C_1}{C_1 + C_2} U = \frac{10\ \mu\text{F}}{20\ \mu\text{F} + 10\ \mu\text{F}} \times 100\ \text{V} \approx 66.7\ \text{V}$$

由于电容 C_2 的实际分压大于 50 V，所以 C_2 会被击穿。C_2 击穿后使 C_1 承受 100 V 电压，也会被击穿。所以，这样使用不安全。

从此例可用看出，电容器串联使用时，不但要满足容量需要。同时还应考虑每个电容器上实际承受的电压是否超过其本身的耐压值，以防击穿损坏电容器。

二、电容器的并联

1. 电容器的并联

将几只电容器接在电路中相同两点之间的连接方式，称电容器的并联（图 2-2-2）。

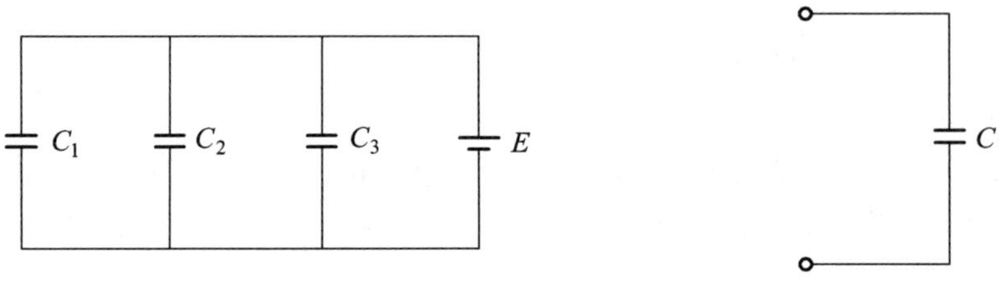

图 2-2-2　电容器的并联

2. 电容器并联的特点

（1）并联后的总电荷量等于每个电容器上电荷量之和，即

$$Q=Q_1+Q_2+\cdots+Q_n$$

（2）并联的等效电容量（总容量）C 等于各个电容器的容量之和，即

$$C=C_1+C_2+\cdots+C_n$$

电容器并联之后，总电容增大了，这种情况相当于增大了两极板的面积。因此，总电容大于每个电容器的电容。当 n 个相同容量的电容器并联时，其总电容：

$$C_{总}=nC$$

（3）每个电容器两端承受的电压相等，即

$$U=U_1=U_2=\cdots=U_n$$

【例题】电容器 C_1 的电容量为 10 μF，充电后电压为 30 V，电容器 C_2 的电容器的容量为 20 μF，充电后电压为 15 V。把它们并联在一起，其电压是多少？

【解】连接前电容器的电荷量分别为

$$Q_1=C_1U_1=(10\times10^{-6}\times30)\ \text{C}=3\times10^{-4}\ \text{C}$$
$$Q_2=C_2U_2=(20\times10^{-6}\times15)\ \text{C}=3\times10^{-4}\ \text{C}$$

由式（2-10）知它们并联后的总电荷量为

$$Q=Q_1+Q_2=6\times10^{-4}\ \text{C}$$

由式（2-11）知并联后的总电容为

$$C=C_1+C_2=10\ \mu\text{F}+20\ \mu\text{F}=30\ \mu\text{F}=3\times10^{-5}\ \text{F}$$

两个电容器所带的总电荷量并不会因为并联而改变，因此并联后的电压为

$$U = \frac{Q}{C} = \frac{6\times10^{-4}}{3\times10^{-5}}\ \text{V} = 20\ \text{V}$$

三、电容器的混联

既有串联又有并联的电容器组合叫作电容器的混联，如图 2-2-3 所示。

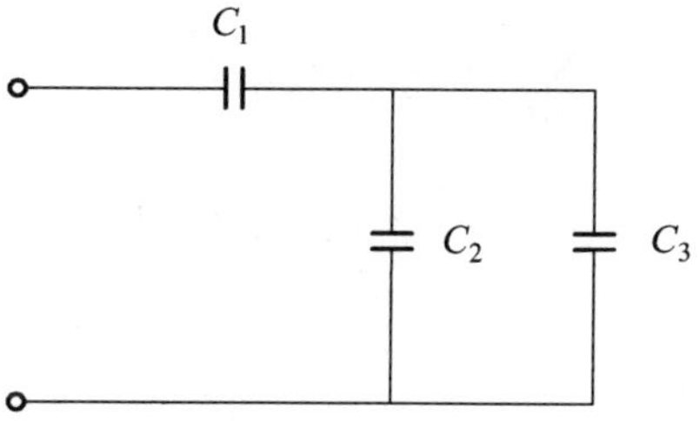

图 2-2-3　电容器的混联

知识拓展

电容器并联电路中，每个电容器均承受着外加电压，因此每个电容器的额定电压均大于外加电压。否则一个电容器被击穿，整个并联电路被短路，会对电路造成危害。

任务反馈

（1）电容器串联电路的______相等；电容器并联电路______相等。

（2）有 2 个电容器 $C_1 = 3\ \mu\text{F}$，$C_2 = 6\ \mu\text{F}$，将它们串联后接到 120 V 的电压上，电容器 C_1 两端的电压为______，电容器 C_2 两端的电压为______；若将它们并联后接到 120 V 的电压上，则电容器 C_1 所带的电荷量为______，电容器 C_2 所带的电荷量为______。

任务 2.3　认识磁的基本知识

知识与技能

（1）理解磁场的基本概念，掌握右手螺旋定则。

（2）了解磁通的物理概念及其在工程技术中的应用。

（3）了解磁场强度、磁感应强度和磁导率的基本概念及其相互关系。

（4）理解磁场对通电直导体的作用，会用左手定则判断电磁力的方向。

（5）了解磁化现象及常用的磁性材料。

2.3.1　电流的磁场

任务导航

从古老的指南针，到今天广为应用的磁卡、磁带、扬声器、电磁炉、电动机、变压器等等，还有磁悬浮地球仪，以及无须车轮便可飞速行驶的磁悬浮列车。磁和电一样，与我们的生产生活紧密相连，让世界变得绚丽多彩。

知识加油站

一、磁的基本知识

1. 磁　体

物体具有吸引铁、钴、镍等物质的性质称为磁性。具有磁性的物体称为磁体。磁体分为天然磁体和人造磁体两大类。常见的人造磁体有条线磁体、蹄形磁铁和针形磁铁等，如图 2-3-1 所示。

图 2-3-1　人造磁体

2. 磁　极

磁铁两端磁性最强的区域称为磁极。实验证明，任何磁铁都有两个磁极，一个称为南极，用 S 表示；一个称为北极，用 N 表示。南极和北极总是成对出现并且强度相等，不存在独立的 S 极或 N 极。两个磁铁的磁极之间存在着相互作用力，同名磁极相互排斥，异名磁极相互吸引。

3. 磁　场

磁极之间的相互作用力是通过磁极周围的磁场传递的。磁场是磁体周围存在的特殊物质。磁场是有方向的，在磁场中的某点放一个能自由转动的小磁针，小磁针静止时 N 极指的方向，就是该点的磁场方向。

4. 磁感线

利用磁感线可以形象地描绘磁场，即在磁场中画出一系列曲线，曲线上任意一点的切线方向就是该点的磁场方向（小磁针在该点时，N 极所指的方向）。条形磁铁的磁感线如图 2-3-2 所示。

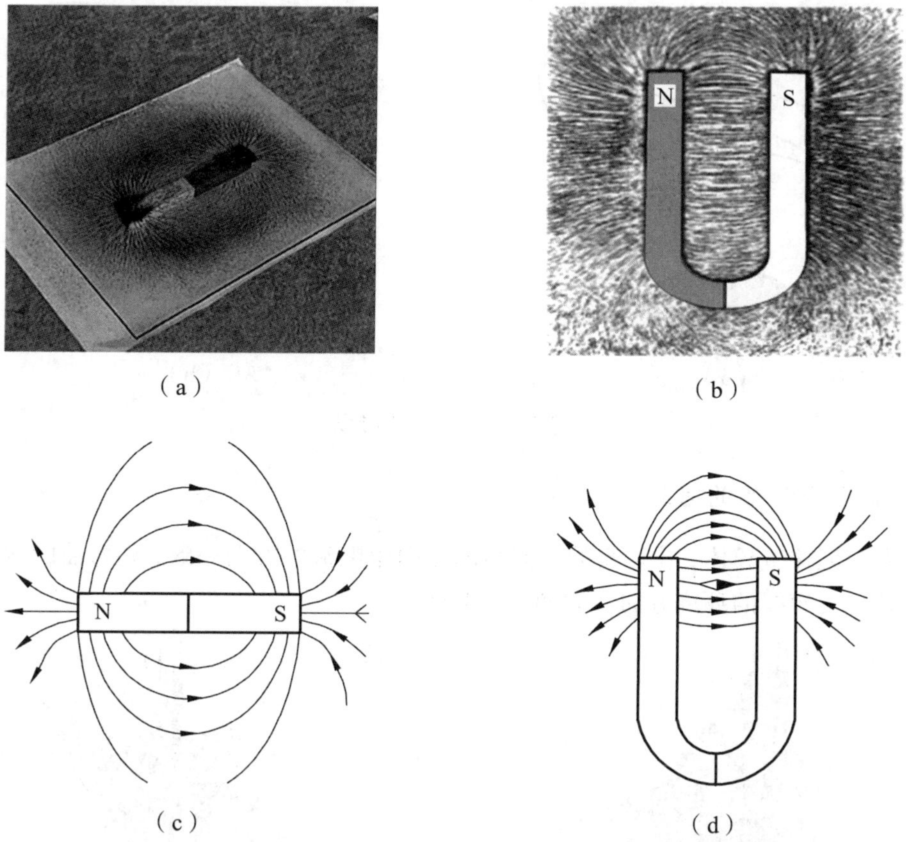

图 2-3-2　磁力线的分布

磁感线的方向定义为：为形象描述磁场强弱和方向而引入的假想线。磁感线具有以下几个特点：

（1）磁感线是互不交叉的闭合曲线；在磁体外部由 N 极指向 S 极，在磁体内部由 S 指向 N 极。磁感线是闭合曲线。

（2）磁感线上任一点的切线方向，就是该点的磁场方向，即小磁针的 N 极指向。

（3）磁感应线越密，磁场越强；磁感应线越疏，磁场越弱。

二、电流的磁场

在铁钉上绕上漆包线，通上电流后，铁钉就成了磁铁能吸住小铁钉了，如图 2-3-3 所示。绕上漆包线的铁钉实际就是一个有铁心的螺线管。同样，我们也可以把小磁针放在通电螺线管附近的不同位置，根据磁针的指向来研究它周围磁场的分布。

以上实验说明，不仅磁铁能产生磁场，电流也能产生磁场。通电导体的周围存在着磁场的这种现象称为电流的磁效应。电流所产生的磁场的方向可用右手螺旋定则（也称安培定则）来判断。

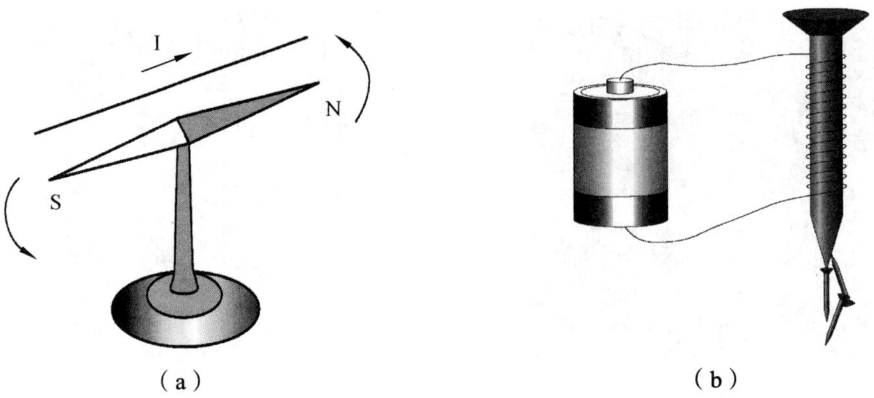

图 2-3-3　电流的磁场

1. 通电直导体的磁场

用右手握住直导体，让伸直的大拇指的方向跟电流的方向一致，则弯曲的四指所指的方向就是磁感线的环绕方向，如图 2-3-4 所示。

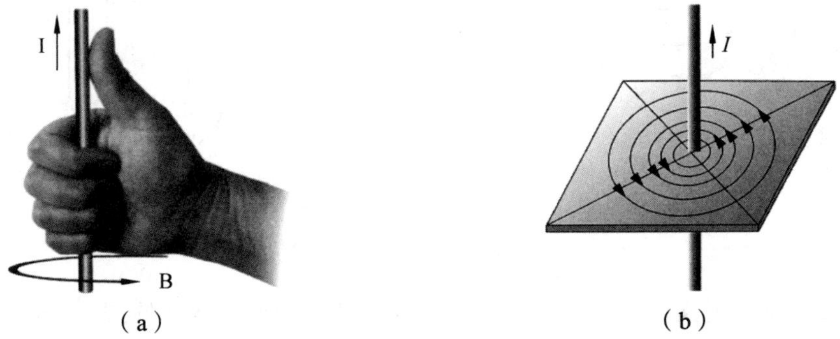

图 2-3-4　通电直导体的磁场方向

2. 通电螺线管的磁场

用右手握住螺线管，让弯曲的四指所指的方向跟电流的方向一致，则大拇指所指的方向就是螺线管内部磁感线的方向，也就是通电螺线管的磁场 N 极的方向，如图 2-3-5 所示。

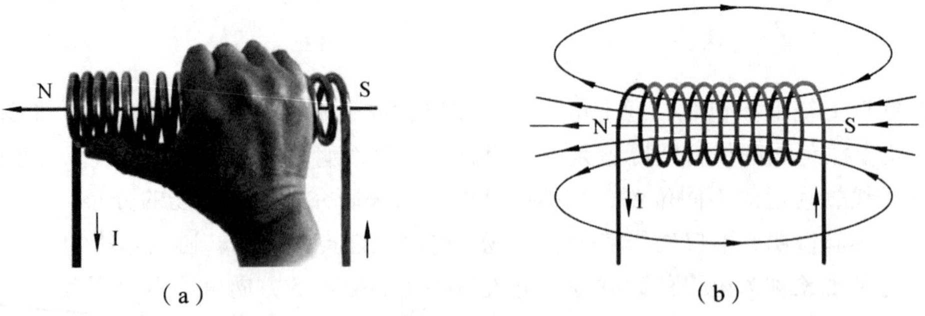

图 2-3-5　通电螺线管的磁场方向

知识拓展

制作简易电磁铁。准备一个大的铁钉或铁棒、一段漆包线、一节电池。然后把漆包线一圈一圈地绕在铁钉上，给漆包线通电后，铁钉或铁棒就能吸引一些小的铁钉，一个简易的电磁铁就制作完成了。

任务反馈

（1）磁铁都有两个极，一个称为_______，一个称为_______。同名磁极相互_______，异名磁极相互_______。

（2）电流周围存在着磁场，这种现象称为_______。

（3）通电导体周围的磁场方向与电流的关系可以用_______来判断。

2.3.2　磁场对电流的作用

任务导航

如图 2-3-6 所示，在蹄形磁体两极所形成的均匀磁场中，悬挂一段直导线，让导线方向与磁场方向保持垂直。导线通电后，可以看到导线受力而发生运动。我们把这种现象称为电磁生力，也称安培力。

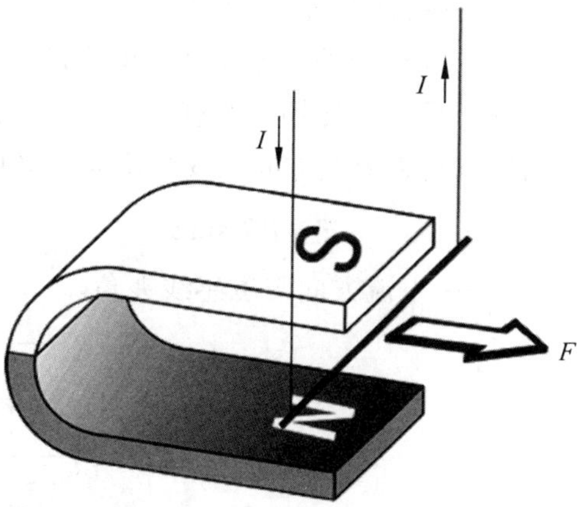

图 2-3-6　通电导体在磁场中受到电磁力的作用

知识加油站

一、磁场对通电直导体的作用

（1）如图当磁场 N 极在上，S 极在下，导体电流的方向如图所示。此时的导体会向_______运动。（向里、向外）

（2）当改变磁场方向 N 极在下，S 极在上，导体电流的方向不变。此时的导体会向_______运动。（向里、向外）

（3）如图磁场方向保持不变，改变电流的方向。

此时的导体会向_______运动。（向里、向外）

电磁力：通常把通电导体在磁场中受到的力称为电磁力。通电导体在磁场中受电磁力的方向可用左手定则来判断。

1. 电磁力方向的判断

左手定则：平伸左手，使大拇指与其余四指垂直，并且跟手掌在同一个平面上内，让磁感线垂直穿人掌心，并使四指指向电流的方向，则大拇指所指的方向就是通电导体所受电磁力的方向，如图2-3-7所示。

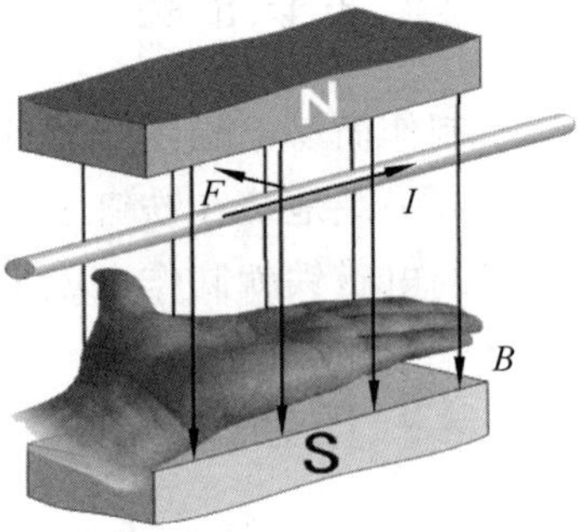

图 2-3-7 左手定则

2. 电磁力大小的计算

实验证明：在均匀磁场中，当通电导体与磁场方向垂直时，电磁力的大小与导体中电流的大小，与导体在磁场中的有效长度及载流导体所在磁场的磁感应强度成正比。用公式表示为

$$F = BIl$$

式中 F——导体受到的电磁力，单位是N（牛顿）；

B——磁感应强度，单位是T；

I——导体中的电流强度，单位是A；

l——导体在磁场中的有效长度，单位是m。

当导体与磁感线方向成 α 角度时，如图2-3-8所示，电磁力的大小为

$$F = BIl\ \sin\alpha$$

式中 α——电流方向与磁感线夹角。

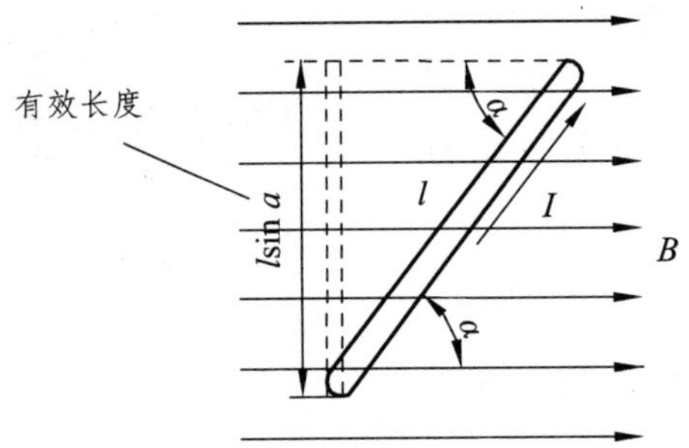

图 2-3-8 导体与磁感线夹角

小提示：当导体与磁感线方向平行放置时，导体所受到的电磁力为零；当导体与磁感线方向垂直放置时，导体所受的电磁力最大。

二、通电平行直导线间的作用

如图2-3-9所示，两条相距较近且相互平行的直导线，当通以相同方向的电流时，它们相互吸引[图2-3-9（a）]；当通以相反方向的电流时，它们相互排斥[图2-3-9（b）]。这是由于每个电流都处在另一个电流的磁场中，因而每个电流都受到电磁力的作用。

我们可以先用右手螺旋定则判断每个电流产生的磁场方向，再用左手定则判断另一个电流在这个磁场中所受电磁力的方向。试试看，你的判断正确吗？

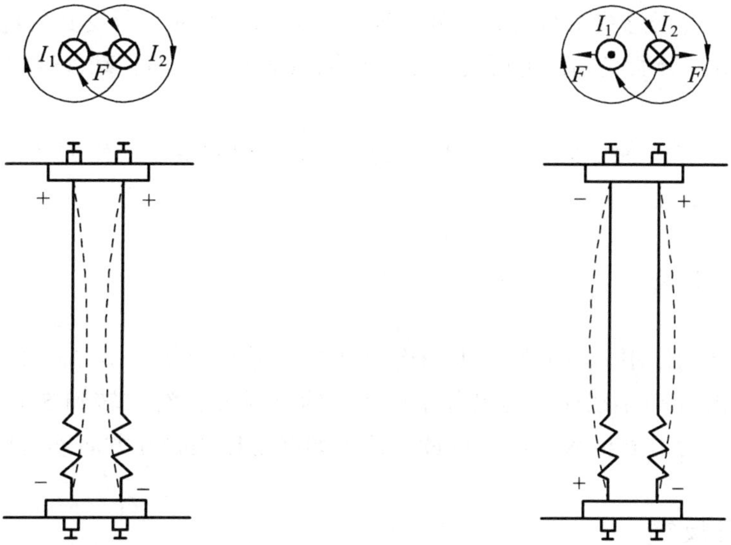

（a）通以同方向电流的平行导线相互吸引　　（b）通以反方向电流的平行导线相互排斥

图 2-3-9　通电平行直导线间的相互作用

发电厂或变电所的母线排就是这种互相平行的载流直导体，它们之间经常受到这种电磁力的作用，尤其在发生短路事故时，通过母线的电流会骤然增大几十倍，这时两排平行母线之间的作用力可达到几千牛顿。为了使母线不致因短路时所产生的巨大电磁力作用而受到破坏，所以每隔一定间距就安装一个绝缘支柱，以平衡电磁力。

三、磁场对通电线圈的作用

磁场对通电矩形线圈的作用是电动机旋转的基本原理。

如图 2-3-10 所示，在均匀磁场中放入一个线圈，当给线圈通入电流时，它就会旋转。线圈的旋转方向可用左手定则判断。

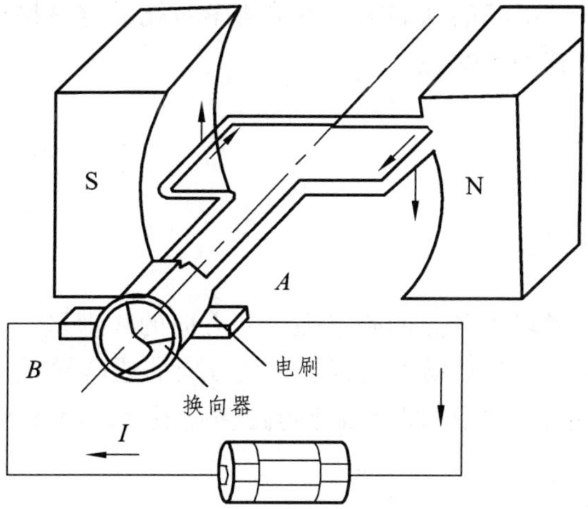

图 2-3-10　直流电动机原理

当线圈平面与磁感线平行时，线圈在 N 极一侧的有效部分所受到的电磁力向下，在 S 极一侧的有效部分所受到的电磁力向上，线圈按顺时针方向转动，这时线圈所产生的转矩最大。

当线圈平面与磁感线垂直时，线圈静止不动，此时线圈所产生的转矩为零。但线圈由于惯性仍继续转动。

知识拓展

通过换向器的作用，与电源负极相连的电刷 A 始终与转到 N 极一侧的导线相连，电流方向恒为由 A 流出线圈；与电源正极相连的电刷 B 始终与转到 S 极一侧的导线相连，电流方向恒为由 B 流入线圈。因此，线圈始终能按顺时针方向连续旋转。

任务反馈

（1）通电导体在磁场中受到的作用力称为________，又称________。

（2）通电导体在磁场中受到的作用力方向可用________判断。

（3）当线圈平面与磁感线平行时，线圈产生的________最大。

2.3.3 磁的基本物理量

任务导航

巨大的电磁铁能吸引起成吨的钢铁，而小的磁铁只能吸引小铁钉。你知道这是为什么吗？

磁场不仅有方向，而且有强弱。磁感线的疏密只能定性地描述磁场在空间的分布情况，怎样才能定量地表示磁场的强弱呢？本节将学习能够定量描述磁场强弱的物理量，即磁通、磁感应强度及其相关知识。

知识加油站

一、磁感应强度

磁感应强度是描述磁场中各点的磁场强弱和方向的物理量。

磁感应强度的定义为：在磁场中垂直于磁场方向的通电导线，所受电磁力 F 与电流 I 和导线有效长度 l 的乘积的比值即为该处的磁感应强度，用 B 表示，即

$$B=\frac{F}{IL}$$

磁感应强度的单位是特斯拉，简称特（ T ）。

一般永久磁铁的磁感应强度大约是 0.4 ~ 0.7 T；在电动机和变压器的铁心中，磁感应强度可达 0.8 ~ 1.4 T。

磁感应强度是矢量，它的方向就是该点磁场的方向。

二、磁　通

磁通是描述磁场在空间某一范围内分布情况的物理量，用 Φ 表示。磁通的定义为磁感应强度 B 与和它垂直方向的某一截面积 S 的乘积。在均匀磁场中，因为 B 是常数，则磁通 Φ 的表达式

$$\Phi = BS$$

磁通的单位是韦伯（ Wb ），简称韦。当面积一定时，通过该面积的磁通越大，则磁场越强。在工业上，选用电磁铁、变压器等的铁心材料时，为了减小损耗，要尽可能多地让全部磁感线通过铁心截面。

根据 $\Phi = BS$ 可推导出公式：

$$B = \frac{\Phi}{S}$$

上式表明磁感应强度 B 等于单位面积上的磁通量。单位面积的磁通量越大，则常出现越密，磁感应强度也越强，所以磁感应强度也叫作磁通密度。当磁通的单位用 Wb，面积单位用 m^2，则磁感应强度的单位是 Wb/m^2，称为特斯拉，简称特，用字母 T 表示。

知识拓展

在磁场的某一区域里，如果磁感线是一些方向相同分布均匀的平行直线，这一区域称为均匀磁场。距离很近的两个异名磁极之间的磁场，除边缘部分外，就可以认为是均匀磁场。如图 2-3-11 所示。

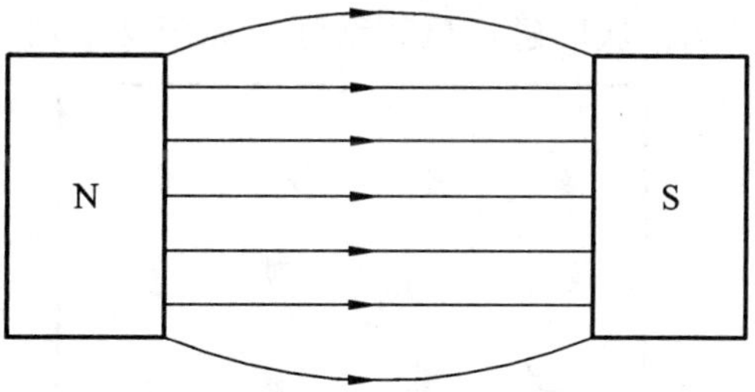

图 2-3-11　均匀磁场

任务反馈

（1）磁感应强度也称__________，用字母__________表示。磁感应强度的单位是__________。

（2）磁通用符号__________表示，磁通的单位是__________，简称__________。

2.3.4 磁化与磁性材料

任务导航

如图 2-3-12 所示：

（1）把一根软铁棒竖直放置，下端靠近铁钉，铁钉不被吸引。

（2）将条形磁铁靠近在软铁棒的上端，则软铁棒的下端就能将若干铁钉吸引。

（3）将条形磁铁从软铁棒的上端取走，则软铁棒下端吸引的铁钉又纷纷落下。

（4）把铁板换成铁丝束、铁皮。结果会有哪些不同？

你能解释这种现象吗？

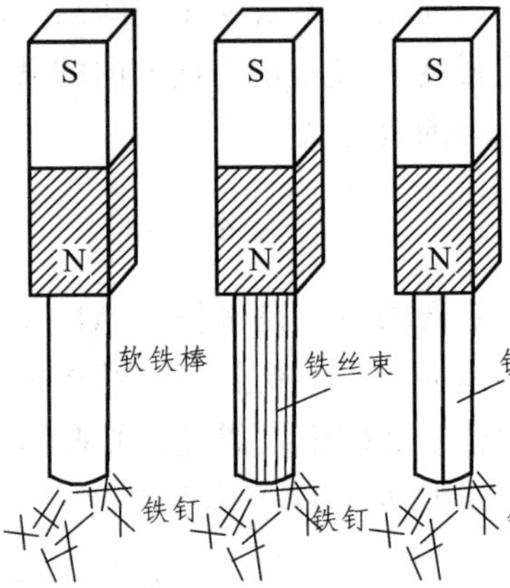

图 2-3-12 软铁棒磁化实验

知识加油站

教具实验演示。

一、物质的磁化

磁化：使原来没有磁性的物质具有磁性的过程。

铁磁物质能够磁化的内因：铁磁物质是由许多被称为磁畴的磁性小区域所组成，每一个磁畴相当于一个小磁铁，在无外磁场作用时，磁畴排列杂乱无章，磁性互相抵消，对外不呈现磁性；但在外磁场作用下，磁畴就会沿着外磁场方向作取向排列，形成附加磁场，从而磁场显著增强，如图 2-3-13 所示。

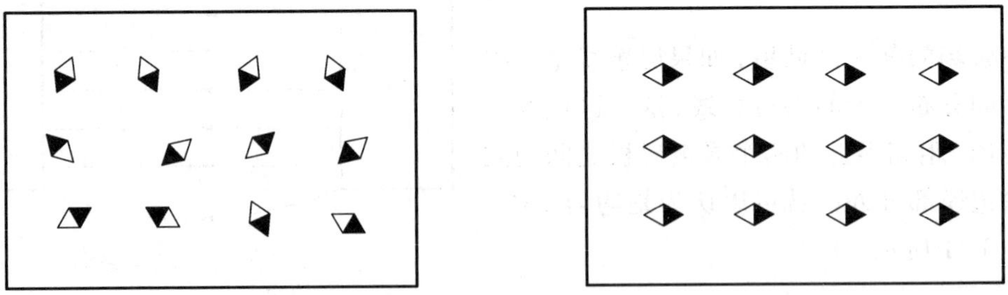

（a）无外磁场作用时　　（b）磁化后

图 2-3-13 磁畴与磁化

二、磁导率

用一个插入铁棒的通电线圈去吸引铁屑，然后把通电线圈的铁棒换成铜棒再去吸引铁屑，便会发现两种情况下的吸力大小明显不同，前者比后者大得多。这表明磁感应强度的大小不仅与导体的形状有关，而且与磁场内媒介质的性质有关。

磁导率就是一个用来表示媒介质导磁性能的物理量，用μ表示，单位为亨（利）/米（H/m）。不同的媒介质有不同的磁导率，由实验测得真空中的磁导率是一个常数，用μ_0表示，$\mu_0 = 4\pi \times 10^{-7}$（H/m）。

世界上大多数物质对磁场的影响甚微，只有少数物质对磁场有明显的影响。为了比较物质的导磁性能，我们把媒介质磁导率与真空中的磁导率的比值称作相对磁导率，用μ_r表示，即

$$\mu_r = \frac{\mu}{\mu_0}$$

式中　μ_r——相对磁导率；

μ——任一媒介质磁导率，H/m；

μ_0——真空磁导率，H/m

相对磁导率只是一个比值，它表示在其他条件相同的情况下，媒介质中的磁导率相对真空中的磁导率的倍数。

三、物质的分类

根据物质相对磁导率的不同，可把物质分成三类：

$\mu_r \leqslant 1$的物质叫反磁物质，如铜、银等。

$\mu_r > 1$的物质叫顺磁物质，如空气、锡、铝等。

μ_r远大于的物质叫铁磁物质，如铁、镍、钴及其合金等。由于它们的相对磁导率μ_r远大于1，其产生的磁场往往比真空的磁场要强几千甚至几万倍。例如，硅钢片的相对磁导率μ_r为7500左右，而坡莫合金的相对磁导率μ_r则高达几万到几十万。

根据铁磁材料分类见表2-3-1所示。

表 2-3-1　铁磁材料分类及用途

名　称	特　点	典型材料及用途
硬磁材料	不易磁化，不易退磁	碳钢、钴钢等，适合制作永久磁铁，如扬声器的磁钢
软磁材料	容易磁化，容易退磁	硅钢、铸钢、铁镍合金等，适合制作交流电设备，如电动机、变压器的设备中的铁心
矩磁材料	很易磁化，很难退磁	锰镁铁氧体、锂锰铁氧体等，适合制作磁带、计算机的磁盘

知识拓展

充磁与消磁

充磁：在日常生活和工作中，常需要将硬磁性物质磁化使其带有磁性，变为永久磁

铁，或将失去磁性的永久磁铁恢复磁性，采用一定方法完成这项工作的过程就称为充磁。

消磁：当磁化后的材料受到外来能量影响，比如加热、冲击、其中各磁畴的磁矩方向会变得不一致，磁性就会减弱或消失，此过程称为消磁。

消磁的方法有很多，例如将带磁性物质加热或剧烈震动可以消磁，但通常采用的是交变消磁。

任务反馈

（1）使原来没有磁性的物质具有磁性的过程称为________。

（2）根据铁磁材料的不同把物质分为________、________、________。

任务 2.4　电磁感应

知识与技能

（1）理解电磁感应现象，会用右手定则判断直导体中的感应电动势方向。

（2）掌握楞次定律内容，会用楞次定律判断感应电动势和感应电流的方向。

（3）理解电感的概念及影响电感器电感的因素，了解电感器的外形、参数，会判断其好坏。

（4）知道自感和互感现象，及产生自感现象的条件。

（5）能够利用电磁感应有关规律分析断电、通电时自感现象的原因。

（6）能说出自感电动势大小的影响因素、自感系数的单位及其决定因素。

（7）会运用互感和自感的原理应用和防止。

（8）培养学生的判断能力、团队协作能力和实际操作能力。

2.4.1 电磁感应定律

任务导航

如图 2-4-1 所示，在均匀磁场中放置一段导体，其两端分别与检流计相接，形成一个回路。使导体做切割磁感线运动，观察检流计指针偏转情况。可以发现，当导体做切割磁感线运动时，检流计指针发生________（偏转、不动）。表明回路中有感应________（电流、电压）。

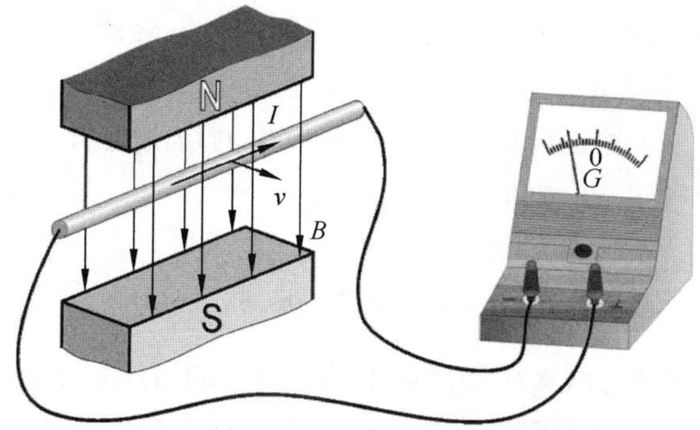

图 2-4-1　电磁感应现象

如图 2-4-2 所示，当把一个条形磁铁的 N 极插入或拔出线圈时，检流计指针都会发生_______（偏转、不动），但两次偏转方向_______（不同、相同）。当条形磁铁静止时，检流计指针_______（偏转、不动），若改用磁铁的 S 极来重复上述实验，观察到的现象基本上相同，只是指针偏转方向_______（改变、不变）。检流计指针发生偏转说明线圈中产生了_______（电流、电压），指针偏转方向不同说明_______（电流、电压）方向不同。指针偏转的原因是由于磁铁的插入或拔出导致线圈中的_______（磁通量、电流）发生了变化。

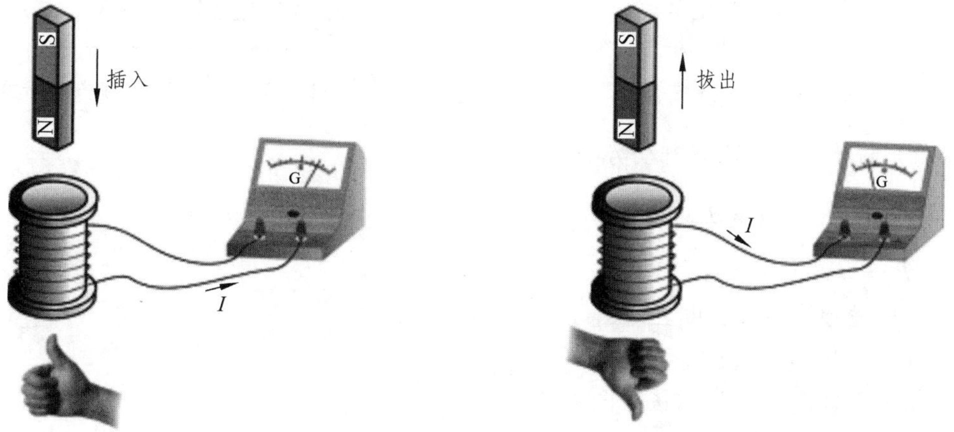

（a）磁铁插入线圈　　　　（b）磁铁拔出线圈

图 2-4-2　线圈中的电磁感应实验

知识加油站

一、电磁感应现象及条件

电流能够产生磁场，那么磁场能否产生电流呢？事实上，电和磁同属电磁过程中的两个方面，它们相互依存，共处于“电磁”这一统一体中，而在一定条件下又相互转换，这“一定条件”就是动。

我们把变动磁场在导体中产生电动势的现象称为电磁感应，也称“动磁生电”。由电磁感应产生的电动势叫感应电动势，由感应电动势产生的电流叫感应电流。这里所说的“动”有两种情况，一种是导体与磁场之间发生的切割运动，另一种是线圈内磁通发生变化，下面就这两种情况分析说明。

二、直导体切割磁感线产生感应电动势

（1）直导体切割磁感应线产生的感应电动势的方向可用右手定则判断。如图 2-4-3 所示，平伸右手，大拇指与其余四指垂直，让磁感线垂直穿入掌心，大拇指指向导体运动方向，则其余四指所指的方向就是感应电动势的方向，如图 2-4-4 所示。

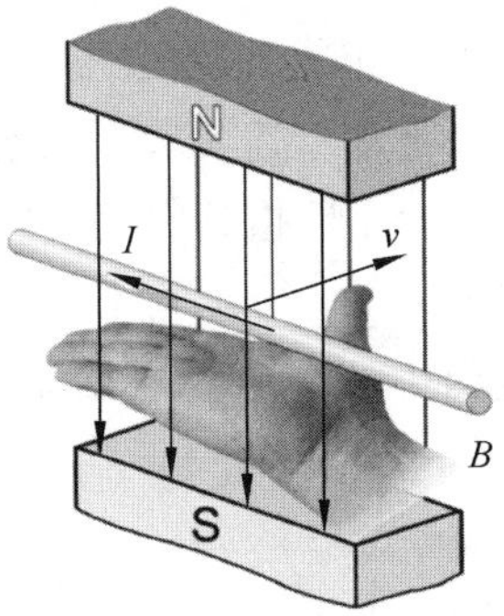

图 2-4-3　右手定则

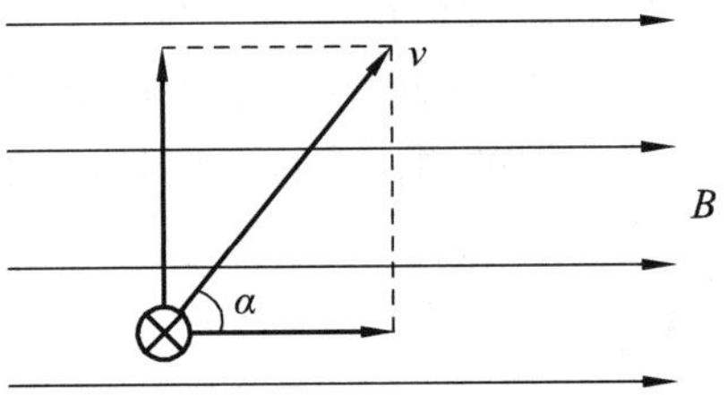

图 2-4-4　导体运动方向与磁感线方向示意图

（2）直导体中的感应电动势的大小：

$$e = BLv\sin\alpha$$

式中　B——磁感应强度，T；

v——导体运动速度，m/s；

L——导体有效长度，m；

α——速度方向与磁场方向夹角；

e——感应电动势，V。

三、线圈中磁通变化产生感应电动势

（1）线圈中产生的感应电动势的方向可用楞次定律来判断。

楞次定律：感应电流产生的磁通总是阻碍原磁通的变化。

如图 2-4-2 所示，当把磁铁插入线圈时，线圈中的磁通将增加。根据楞次定律，感应电流的磁场应阻碍磁通的增加，则线圈感应电流磁场的方向应为上 S 下 N，再用右手螺旋定则可判断出感应电流的方向是由左端流进检流计。如果将磁铁放置在线圈中静止不动，由于线圈中的磁通不发生变化，所以感应电流为零。

楞次定律可以用来判断感应电动势和感应电流的方向，具体步骤如下：

① 首先判断原磁通的方向及变化趋势（增加或减少）。

② 确定感应电流的磁通方向应和原磁通是同向还是方向（增反减同）。

③ 根据感应电流产生的磁通方向，用右手螺旋定则确定感应电动势或感应电流的方向。

应当注意，必须把线圈或直导体看成一个电源。在线圈或直导体内部，感应电流从电源的“－”端流到“+”端；在直导体或线圈的外部，感应电流由电源的“+”端经负载流回“－”端。在线圈或直导体内部，感应电流的方向和感应电动势的方向相同。

在图 2-4-2（a）中所示，当把磁铁插入线圈时，线圈中的磁通将增加。根据楞次定律，感应电流的磁场应阻碍磁通的增加，则线圈的感应电流产生的磁场方向为上 N 下 S，再根据安培定则可判断出感应电流的方向是由右端流进检流计。当磁铁拔出线圈时[图 2-4-2（b）]中所示，用同样方法可判断出感应电流由左端流进检流计。

（2）法拉第电磁感应定律。

在前面的实验中，磁铁插入或拔出的速度越快，指针偏转角度越大，反正越小。而磁铁插入或拔出的速度，反映的是线圈中磁通变化的速度，即线圈中感应电动势的大小与线圈中磁通的变化率成正比。用 $\Delta\varphi$ 表示在时间间隔 Δt 内一个单匝线圈中的磁通变化量，则一个单匝线圈中产生的感应电动势为

$$e=\left|-\frac{\Delta\varphi}{\Delta t}\right|$$

对于 N 匝线圈，其感应电动势为

$$e=\left|-N\frac{\Delta\varphi}{\Delta t}\right|=\left|-\frac{\Delta\Phi}{\Delta t}\right| \tag{2-4-1}$$

式中　N——线圈匝数，匝；

$\Delta\Phi$——N 匝线圈的磁通变化量，Wb；

Δt——磁通变化 $\Delta\Phi$ 所需的时间，s；

e——在 Δt 时间内感应电动势的平均值，V。

式（2-4-1）是法拉第电磁感应定律的数学表达式。式中的负号。表示了感应电动势的方向和磁通变化的趋势相反。在实际工作中，常用楞次定律来判断感应电动势的方向，而用法拉第电磁感应定律来计算感应电动势的大小（取绝对值）。这两个定律是电磁感应的基本定律。

知识拓展

一般来说，如果导体与磁感线之间有相对运动时，用右手定则判断感应电流的方向

比较方便；如果导体与磁感线之间无相对运动，只是穿过闭合回路的磁通发生了变化，则用楞次定律来判断感应电流的方向。

任务反馈

（1）________________的现象称为电磁感应现象。

（2）楞次定律的内容是________产生的磁通总是________原磁通的变化。

（3）直导体的运动方向与磁感线垂直时，导体中的感应电动最________；当直导体的运动方向与磁感线平行时，导体中的感应电动势为________。

2.4.2　自感与互感

任务导航

（1）如图 2-4-5（a）所示，开关 S 闭合瞬间指示灯________（HL1、HL2）正常发光，指示灯________（HL1、HL2）确是逐渐变亮。

（2）如图 2-4-5（b）所示，开关 K 断开瞬间指示灯 HL 会________（更亮、更暗），然后指示灯 HL 会________（灭掉、正常发光）。

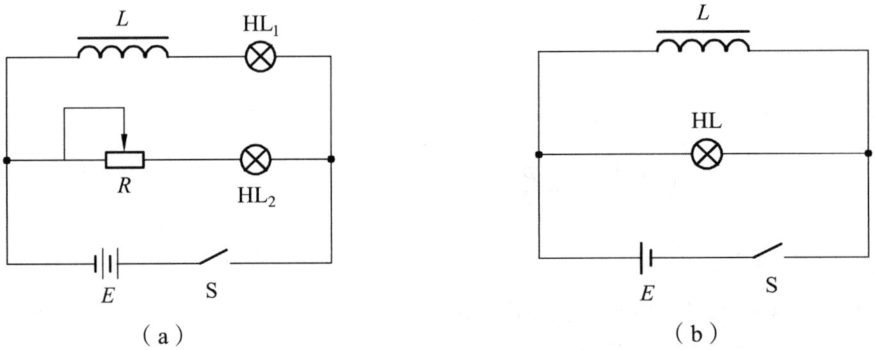

图 2-4-5　自感现象

知识加油站

一、自感现象与自感系数

上述现象是由于线圈电路在接通或断开的瞬间，电流发生着从无到有和从有到无得变化，线圈中产生了较高的感应电动势。图 2-4-5（a）所示电路中，根据楞次定律可知，感应电动势要阻碍线圈中电流的变化，HL_2 支路中电流的增大必然要比 HL_1 支路来得迟缓些，因此灯泡 HL_2 也亮得迟缓些。在图 2-4-5（b）所示电路中，线圈在开关 S 打开瞬间产生感应电动势，根据楞次定律可知，感应电动势要阻碍线圈中电流的变化，HL 会更亮一下，然后灭掉。

以上这种由于流过线圈本身的电流发生变化，而引起的电磁感应叫自感现象，简称自感。由自感产生的感应电动势称自感电动势，用 e_L 表示。自感电流用 i_L 表示。

线圈中通过每单位电流所产生的自感磁通数，称为自感系数，也称电感，用 L 表示，其数学式为

$$L = \frac{\Phi}{i}$$

式中　Φ——流过 N 匝线圈的电流 i 所产生的自感磁通数， Wb；

i——流过线圈的电流， A；

L——电感， H。

电感是衡量线圈产生自感磁通本领大小的物理量。如果一个线圈中通过 1 A 电流，能产生 1 Wb 的自感磁通，则该线圈的电感就叫 1 亨利，简称亨，用符号 H 表示。在实际中，特别在电子技术中有时用 H 作单位太大，常用较小的单位，如毫亨（mH）、微亨（μH）等，它们与亨的换算关系是

1 亨（H）$= 10^3$ 毫亨（mH）

1 毫亨（mH）$= 10^3$ 微亨（μH）

电感 L 的大小不但与线圈的匝数及几何形状有关（一般情况下，匝数越多，L 越大），而且与线圈中媒介质的磁导率有密切关系。有铁心的线圈，L 不为常数，这种电感称为非线性电感；空心线圈，当其结构一定时，L 为常数。我们把 L 为常数的线圈称为线性电感，把线圈称为电感线圈，也称为电感器或电感。自感电动势方向也可用楞次定律判断，即线圈中的外电流 i 增大时，感应电流的方向与 i 的方向相反；外电流 i 减小时，感应电流的方向与 i 的方向相同，如图 2-4-6 所示。

图 2-4-6　自感电动势的方向

自感电动势的大小计算也遵从法拉第电磁感应定律，将代入中，可得线性电感中的自感电动势为

$$e_L = \left| -L\frac{\Delta i}{\Delta t} \right|$$

式中 $\frac{\Delta i}{\Delta t}$——电流的变化率（单位是 A/s），负号表示自感电动势的方向和外电流的变化趋势相反。

自感对人们来说，即有利又有弊。例如日光灯是利用镇流器中的自感电动势来点燃灯管的，同时也利用它来限制灯管的电流；但在含有大电感元件的电路被切断的瞬间，因电感两端的自感电动势很高，在开关处会产生电弧，容易烧坏开关，或者损坏设备的元器件，这要尽量避免。通常在含有大电感的电路中都有灭弧装置。最简单的办法是在开关或电感两端并接一个适当的电阻或电容，或先将电阻和电容串接然后并接到电感两端，让自感电流有一条能量释放的通路。

二、互感现象

我们把由一个线圈中的电流发生变化而在另一线圈中产生电磁感应的现象称为互感现象，简称互感。由互感产生的感应电动势称为互感电动势，用 e_M 表示。

如图 2-4-7 所示，开关 S 闭合瞬间，检流表 G 指针（向左、向右）偏转。开关 S 闭合之后，检流表 G 指针（偏转、不动）。开关 S 断开瞬间，检流计指针 G 指针（向左、向右）偏转。

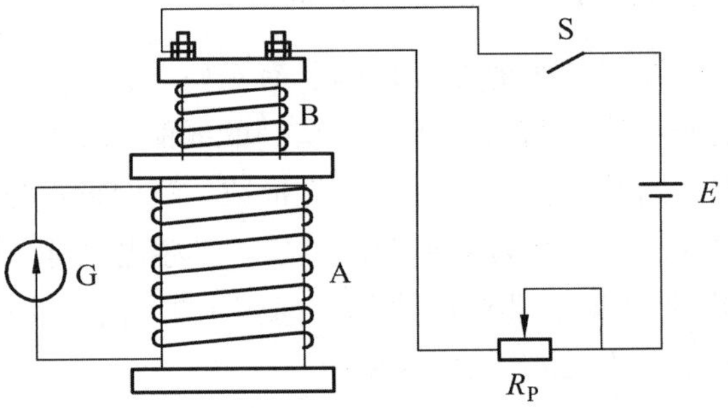

图 2-4-7　互感现象

1. 互感现象与互感电动势

当两个线圈互相平行，且第一个线圈的磁通变化全部影响到第二个线圈，这时也称全耦合，互感电动势最大。当两个线圈互相垂直时，互感电动势最小。互感电动势的计算比较复杂，这里不做介绍。

2. 互感线圈的同名端

当两个或两个以上线圈彼此耦合时，常常需要知道互感电动势的极性。当然可以用楞次定律来判断，但比较复杂。尤其是对于已经制造好的互感器，从外观上无法知道线圈的绕向，判断互感电动势的极性就更加困难。

图 2-4-8 中所示 1、4、5 就是一组同名端。

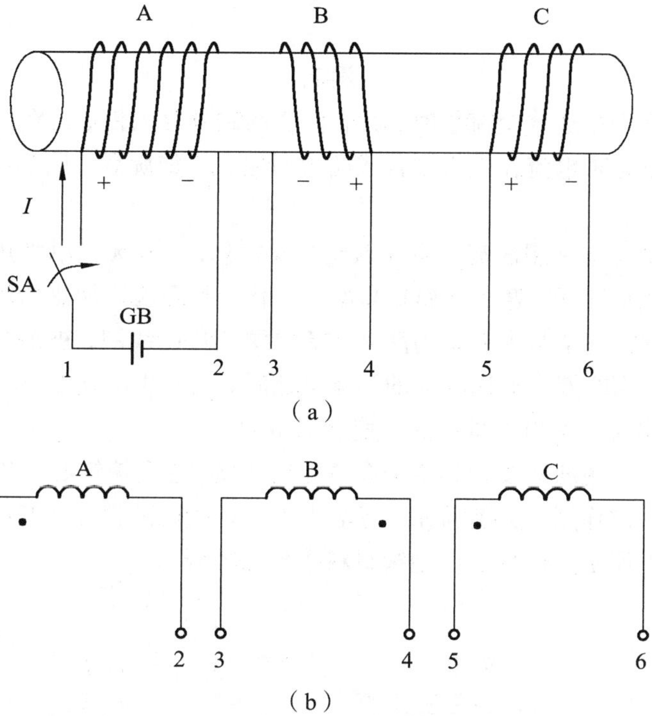

图 2-4-8　互感线圈的同名端

SA 闭合瞬间，A 线圈有电流 i 从 1 端流进，根据楞次定律，在 A 线圈两端产生自感电动势，极性为左正右负。利用同名端可确定 B 线圈的 4 端和 C 线圈的 5 端皆为互感电动势的正端。

利用线圈的同名端，可以很容易判断互感电动势的极性，以及了解线圈的绕向。我们把由于线圈绕向一致而产生感应电动势的极性始终保持一致的端子称为线圈的同名端，用“·”或“*”表示。如图 2-4-9 所示。

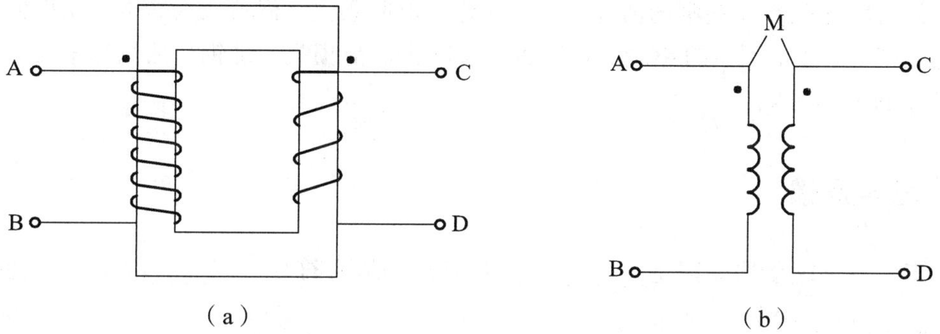

图 2-4-9　互感线圈同名端的表示法

知识拓展

涡流

具有铁心的线圈中通入交流电时，就有交变的磁场穿入铁心，在铁心内部必然会形成感应电流。由于这种电流在铁心中自成闭合回路，形如旋涡（图 2-4-10）所示，故称涡流。

在工业生产中可以利用涡流产生高温使金属熔化，这种无接触加热的冶炼方法不仅效率高、速度快，而且可以避免金属在高温下氧化，利用涡流加热的设备称为高频感应炉，它的主要结构是一个与大功率的高频交流电源相接的线圈，被加热的金属就放在线圈中间的坩埚内，当线圈中通以强大的高频电流时，它产生的交变磁场能使坩埚内的金属中产生强大的涡流，发出大量的热，使金属熔化。

涡流的热效应在电机和变压器等设备中是有害的，它会使铁心发热，造成涡流损耗。此外，涡流还有去磁作用，会削弱原磁场。为了减小涡流的损耗，变压器铁心常由多层组成（图 2-4-10）所示，并用薄层绝缘材料将各层隔开。

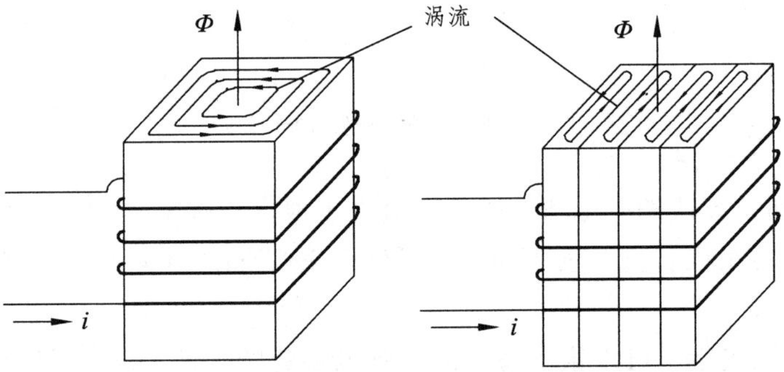

（a）金属块中的涡流　　（b）硅钢片中的涡流

图 2-4-10　涡流

这样涡流就被限制在狭窄的薄片之内，回路的电阻很大，涡流大为减弱，从而使涡流损失大大降低。铁心采用硅钢片，可以进一步减少涡流损失。硅钢片的涡流损失只有普通硅钢片的 1/5 ~ 1/4。

任务反馈

（1）产生自感现象的原因是_________，自感电动势用符号_________表示，自感电流用符号_________表示。

（2）有铁心的线圈，其电动势要比空心线圈的电感_________。

知识接力

一、填空题

1. 电容器的基本特性是________。任何两个被绝缘物质隔开而又互相靠近的导体，就可称为________。

2. 通常利用万用表的________挡来区别较大容量电容器质量的好坏。如果指针根本不偏转，则说明________；如果指针偏转到0Ω之后不再回去，则说明________。

3. 通常把能够吸引铁、镍、钴等金属及其合金的性质叫________，具有磁性的物体就叫磁体，分为________和________两大类。

4. 磁体的两端磁性最强的区域叫磁极，磁极间存在着相互的作用力，同名磁极相互________，异名磁极相互________。

5. 在磁体内部磁感线由________指向________，在磁体外部磁感线由________指向________。

6. 磁感线上的任意一点的________方向，就是该点磁场的方向，磁感应线的疏密程度表示磁场的________。

7. 电流周围存在着磁场的现象叫作电流的________。

8. 电流产生的磁场方向可用________定则来判断，对于通电直导线产生的磁场方向，右手拇指的指向表示________的方向，弯曲四指的指向表示________的方向。

9. 通电导体在磁场中受到的作用力叫作________。

10. 使原来没有磁性的物质________的过程叫作磁化。

11. 直导体切割与其垂直的磁感线时产生感应电动势大小的计算公式为________。

12. 由楞次定律的内容可知感应电流产生的磁通总是原磁通的________变化。

13. 产生自感现象的原因是流过线圈本身的________发生变化。

14. 自感系数用符号表示________，单位为________。

15. 在电磁感应中，用________判断感应电动势的方向；用________定律计算感应电动势的大小，其表达式为：________。

16. 两个线圈相互________时，互感系数最大，当两个线圈相互________时，互感系数最小。互感系数最大的情况下也称________。

17. 由于线圈的________绕向而产生感应电动势的端子叫作同名端。

二、选择题

1. 条形磁铁中，磁性最强的部位在（　　）。

A. 中间　　　　B. 两极

2. 通电矩形线圈，将其用线吊住并放入磁场，线圈平面垂直于磁场，线圈将(　　)。

A. 转动　　B. 不动　　C. 向左或向右移动

3. 通电线圈插入铁心后，它的磁场将（　　）。

A. 增强　　B. 减弱　　C. 不变

4. 铝、空气、铁各属（　　）。

A. 反磁物质，顺磁物质，铁磁物质

B. 顺磁物质，反磁物质，铁磁物质

C. 顺磁物质，顺磁物质，铁磁物质

5. 硬磁材料在反复磁化过程中，（　　）。

A. 容易饱和　　B. 难以去磁　　C. 容易去磁

6. 运动导体在切割磁力线而产生最大感应电动势时，导体运动方向与磁感应线的夹角为（　　）。

A. 0°　　B. 45°　　C. 90°

7. 硬磁性材料的特点是不容易磁化，也（　　）。

A. 容易饱和　　B. 难以去磁　　C. 容易去磁

8. 通电导体在磁场中受力用（　　）判断。

A. 右手定则　　B. 左手定则　　C. 楞次定律

9. 直导体中感应电动势的方向，可用（　　）判定。

A. 右手定则　　B. 左手定则　　C. 楞次定律

10. 由于线圈绕向一致使得感应电动势的极性始终保持一致的端子叫（　　）。

A. 自感现象　　B. 互感现象　　C. 同名端

11. 软磁性材料的特点是容易磁化，也（　　）。

A. 容易饱和　　B. 难以去磁　　C. 容易去磁

12. 电流周围产生的磁场方向可用（　　）判定。

A. 右手定则　　B. 左手定则　　C. 安培定则

13. 当线圈中通入（　　）时，就会引起自感现象。

A. 不变的电流　　B. 变化的电流　　C. 电流

14. 与电磁感应电动势大小有关的物理量为（　　）。

A. 在磁磁场中的有效长度　　B. 在磁场中导线的截面积　　C. 导线长度

15. 磁感线上任一点的（　　）方向，就是该点的磁场方向。

A. 指向 N 极　　B. 切线　　C. 直线

三、判断题

1. 从公式 $C=\dfrac{q}{U}$ 可知，电容器的电容量随其两端所加电压的增大而增大。（　　）

2. 几个电容器串联后的总电容一定大于任何一个电容器的容量。（　　）

3. 耐压是指电容器正常工作时允许加的最大电压值。 (　　)

4. 当电容器中电荷量为零时，则电容量也为零。 (　　)

5. 电解电容的两个极有正、负极性之分，使用时要特别注意。 (　　)

6. 由于磁感应线能够形象地描述磁场的强弱和方向，所以它存在于磁极周围的空间里。 (　　)

7. 电流周围产生的磁场方向可用左手定则判定。 (　　)

8. 电流周围产生的磁场方向可用安培定则判定。 (　　)

9. 通电导体在磁场中的受力方向可用左手定则判定。 (　　)

10. 如果通过某一截面的磁通为零，则该截面处的磁感应强度一定为零。 (　　)

11. 软磁性材料的特点是比较容易磁化，也容易退磁。 (　　)

12. 感应电流产生的磁场方向总是跟原磁场的方向相反。 (　　)

13. 感应电流产生的磁场总是阻止原磁场的变化。 (　　)

14. 自感与互感都能产生感应电动势，所以它们都是电磁感应现象。 (　　)

15. 自感是由于另一线圈中的电流发生变化产生的电磁感应现象。 (　　)

16. 自感电动势的大小与线圈的电流变化率成正比。 (　　)

17. 空心线圈插入铁心后电感变小。 (　　)

18. 左手定则既可以判断通电导体的受力方向，又可以判断直导体的感应电流方向。 (　　)

四、绘图题

1. 判断下列通电线圈产生的磁场方向。

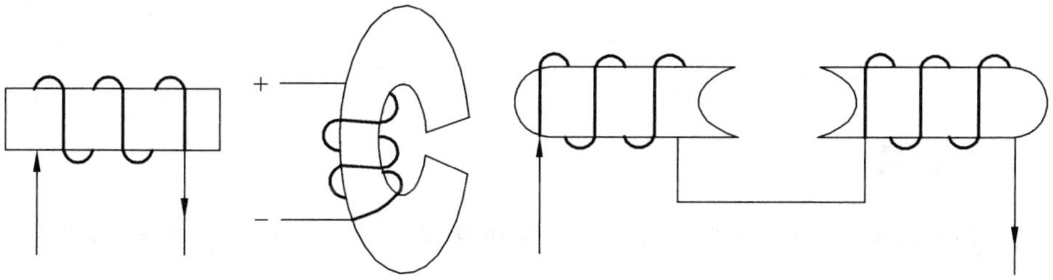

2. 判断并标出下列通电导体在磁场中受力方向。

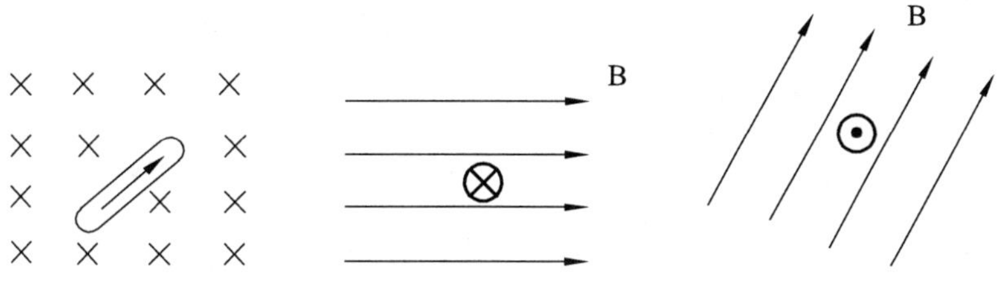

3. 标出图中各线圈的同名端。

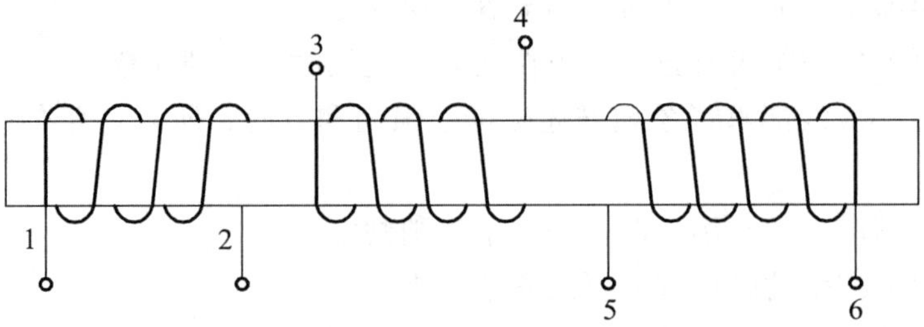

4. 在图箭头表示条形磁铁插入线圈的方向，根据楞次定律在图中画出感应电流方向。

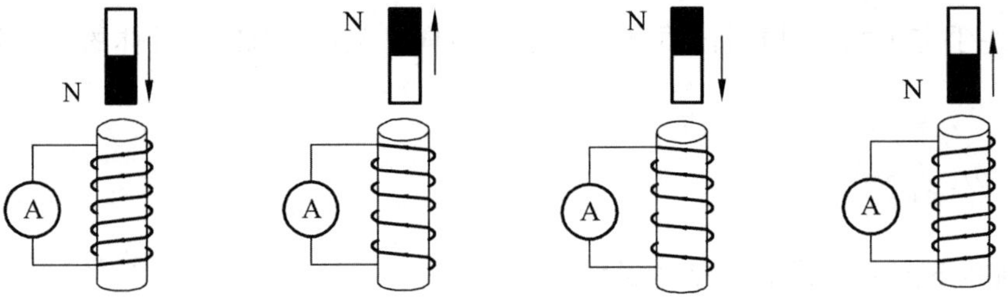

五、综合题

1. 已知导体 AB 在外力的作用下，在匀强磁场中匀速运动，若 $B = 0.5$ T，导体的有效长度 $L = 20$ cm，其电阻 $R_0 = 2\ \Omega$，运动速度 15 m/s，负载电阻 $R = 18\ \Omega$，试求电流及负载两端电压？

2. 在磁感应强度为 B 的磁场中垂直于磁场方向放置 1 根长度为 5 m 的载流直导体，导体的电流为 2 A，测得受到的电磁力为 2 N，试求：

（1）磁感应强度 B。

（2）标出电磁力的方向。

（3）若通入导体的电流为 0，则导体受到的电磁力为多少？该区域的磁感应强度为多少？

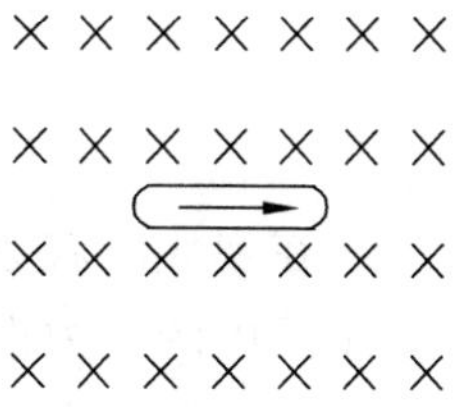

3. 将线圈垂直于变化的磁场中，已知该磁场的磁感应强度变化率为 0.5 T/s，线圈的截面积为 25 cm^2，求线圈中产生的感应电动势？

4. 电感 $L = 500$ mH 的线圈，忽略其电阻，设在某一瞬间通电线圈的电流每秒增加 5 A，此时线圈两端的电压是多少？

项目3 交流电路

在现代工农业生产和日常生活中，除必须用直流电的少数情况外，广泛使用交流电，如工厂中的动力设备电路、家庭中的照明电路等都是正弦交流电路。与直流电相比，交流电有许多优点：交流电可以用变压器改变电压，便于输送、分配和使用；因为交流电动机结构简单、成本低、使用维护方便，大多数设备的动力都是用交流电动机。那么，交流电与直流电相比有哪些特点？交流电的表示方法与直流电有什么不同？如何观察和测量交流电？

本项目本着以应用为主线，加强技能训练，培养学生与岗位对接的职业能力的宗旨，利用常见的荧光灯电路的安装和测量切入实际的交流电路，初步认识交流电路与直流电路的不同从而激发学生的学习兴趣，带着问题进行交流电的学习。

我们通过安装、测量荧光灯电路，学习单相交流电，认知单相交流电路，三相交流电源和三相负载的连接五个任务，在课程中在每个任务中根据内容特点采用“任务导航”“知识加油站”“知识拓展”和“任务反馈”的方式，将知识点融于操作过程中，实现“做中学”和“学中做”，在认识和操作的过程中掌握理论知识，并在每个任务中明确学习目标及学习要点，以便于探究性学习的开展和实施。

任务3.1 安装、测量荧光灯电路

知识与技能

（1）认识荧光灯电路的组成及各个部件的作用。
（2）能画出荧光灯电路图，会连接荧光灯电路。
（3）了解照明电路配电板的组成及器件的外部结构和用途。
（4）会用万用表测量交流电压。
（5）初步认识交流电路的特点。

3.1.1 安装荧光灯电路

任务导航

交流电路基本组成部分各有不同的作用，串并联电路各有不同的特点，家庭常用的荧光灯电路有哪些部件组成？各组成部分在电路中起什么作用？

知识加油站

一、荧光灯电路的组成

（1）灯管：其外形如图 3-1-1 所示。

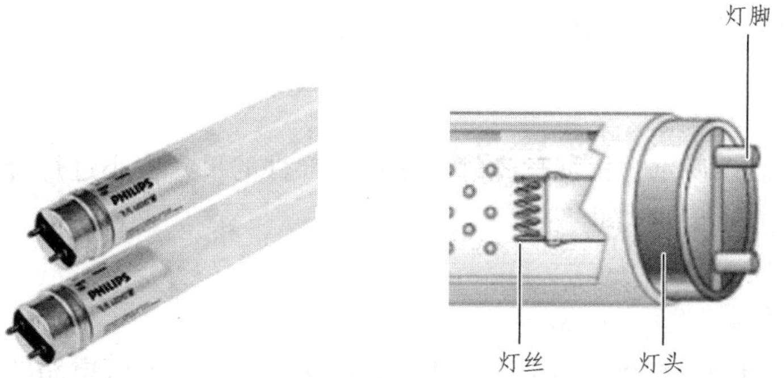

图 3-1-1 荧光灯管的外形

（2）镇流器：其外形和符号如图 3-1-2 所示。

（a）外形 （b）符号

图 3-1-2 荧光灯镇流器

（3）启辉器：其外形和符号如图 3-1-3 所示。

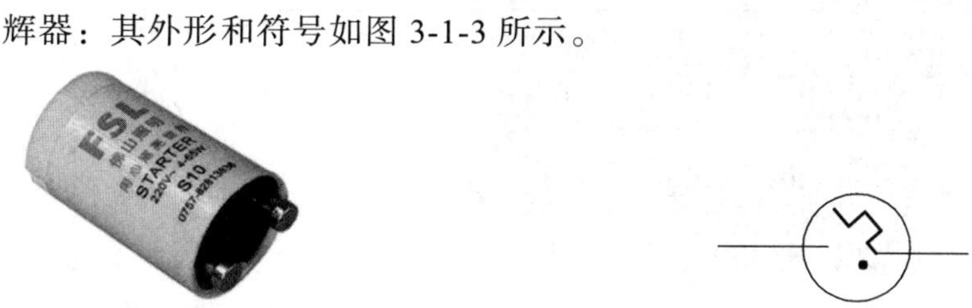

（a）外形 （b）符号

图 3-1-3 荧光灯的启辉器

（4）开关及灯座：其外形如图 3-1-4 所示。

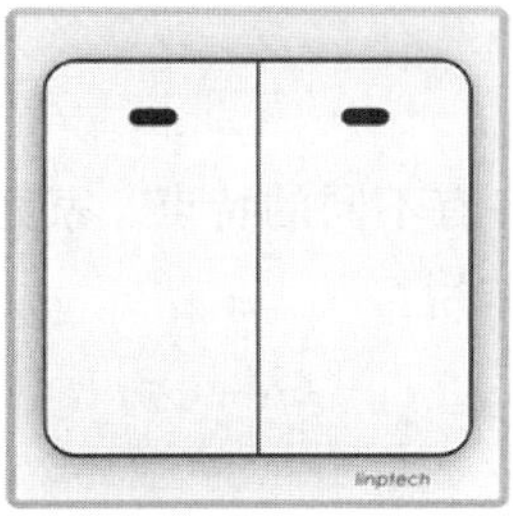

（a）开关

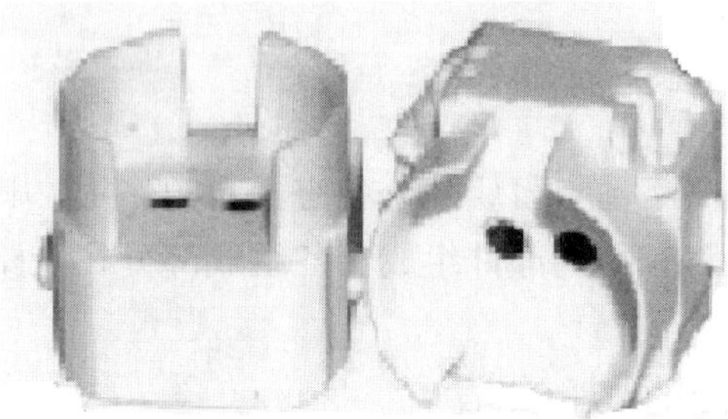

（b）灯座

图 3-1-4　开关及灯座外形

二、荧光灯电路的连接

1. 布局定位

如图 3-1-5（a）所示，根据日光灯电路各零部件的尺寸大小进行合理布局定位，在多功能实验台上安装日光灯电路。

2. 电路连接

根据日光灯电路，如图 3-1-5（b）所示，将实验台上日光灯电路的各零部件用相应的导线连接起来，进行日光灯电路的安装。灯座一端的电线与电源的零线连接，另一端与镇流器连接，电源的相线接入开关，连接开关和镇流器，镇流器必须与灯管串联，启辉器与灯管并联。

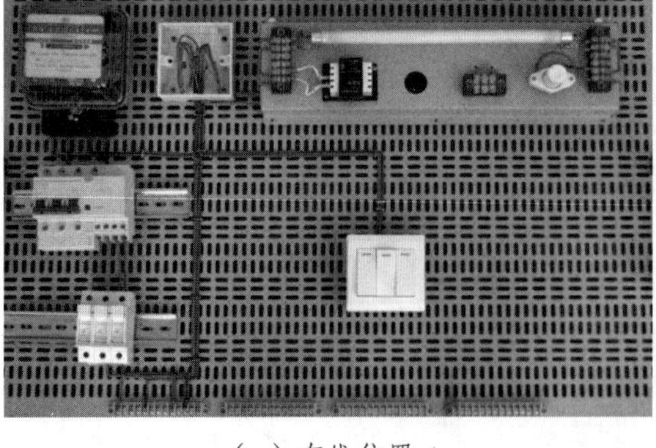

（a）布线位置

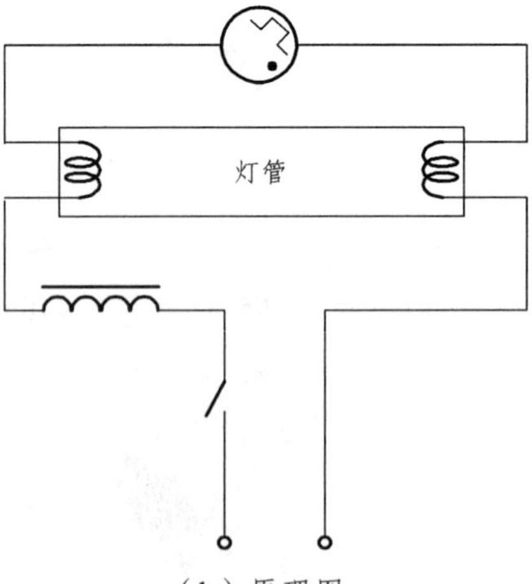

（b）原理图

图 3-1-5　荧光灯电路

3. 通电前检查

连接好电路，用万用表电阻挡检查电路的通断。

4. 仔细观察日光灯电路的启动情况

注意事项：

（1）不允许带电操作。电路连接完成检查无误之后，再接通电源。发生异常现象，立即断开电源开关。

（2）在通电试验中，严禁用手乱摸荧光灯。

（3）相线进开关。各接线点要接牢，不要松动。

（4）实验过程中注意同学间相互协助。

三、荧光灯的工作原理

荧光灯管如图 3-1-6 所示是一支细长的玻璃管，其内壁涂有一层荧光粉薄膜，在荧光灯管的两端装有钨丝，钨丝上涂有受热后易发射电子的氧化物。荧光灯管内抽成真空后，充有一定量的惰性气体和少量的汞气（水银蒸气）。惰性气体有利于日光灯的启动，并延长灯管的使用寿命。水银蒸汽作为主要的导电材料，在放电时产生紫外线激发日光灯管内壁的荧光粉转换为可见光。

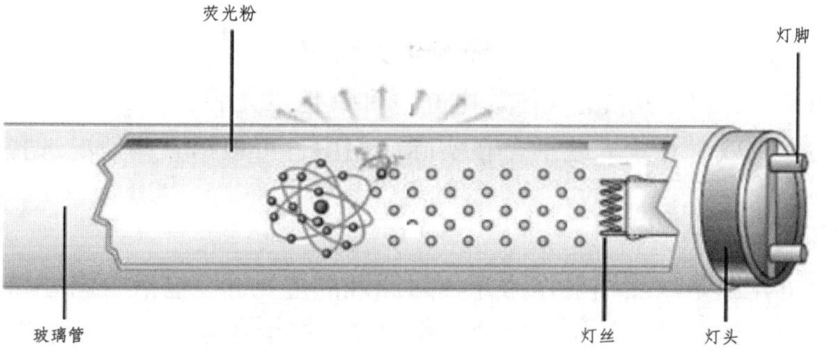

图 3-1-6　荧光灯管的结构

荧光灯内气体导电特征：激发气体导电时所需的电压比 220 V 的电源电压高得多，因而荧光灯点亮瞬间，需要一个瞬时高电压；荧光灯正常发光时，灯管的电阻变得很小，允许通过的电流也不大，这时所需的电压又低于电源电压。

解决方法：用镇流器与荧光灯串联。

镇流器是一个带铁心的线圈，自感系数很大。它与启辉器配合产生瞬间高电压使荧光灯管导通，激发荧光粉发光，还可以限制和稳定电路的工作电流。

启辉器：如图 3-1-7 所示，它是一个充有氖气的小玻璃泡，里面装有两个电极，一个是固定的静触片，另一个是由双金属片制成的 U 形动触片。

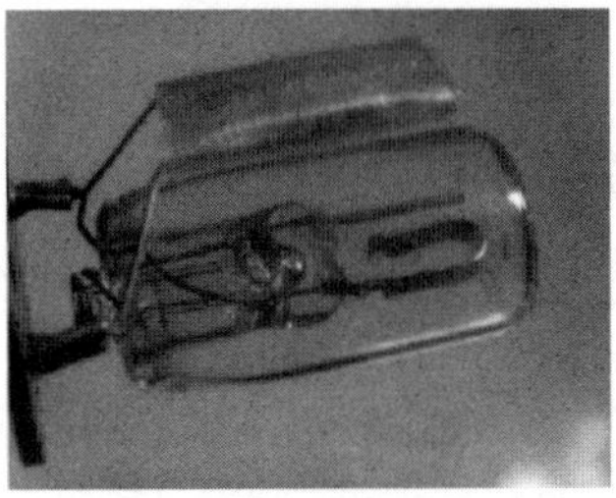

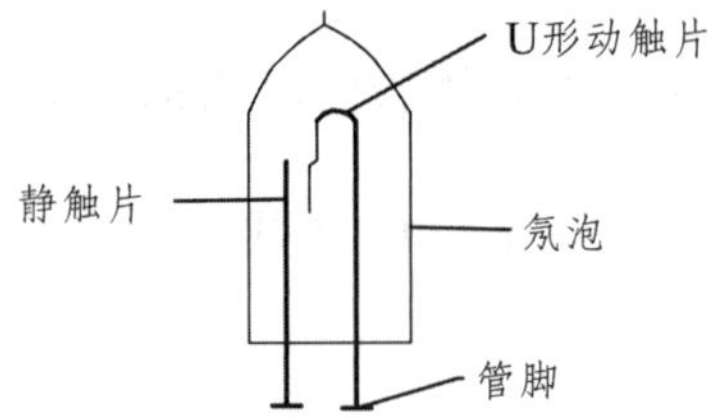

图 3-1-7　启辉器的结构

工作过程：当开关闭合后，电源把电压加在启辉器的两极间，使氖气放电而发出辉光，辉光的热量使 U 形金属动触片膨胀伸长，跟静触片接触而电路接通，于是镇流器的线圈和灯丝中就有电流流过，灯丝将灯管中的水银加热成气体；电路接通后，启辉器的氖气停止放电，U 形管动触片冷却收缩，两个触片分开，电路断开。在电路突然断开的瞬间，镇流器的线圈内产生很高的感应电动势，这个感应电动势和电源的电动势加在一起，形成一个瞬间的高电压，加在灯管的两侧，使灯管中的气体导电，于是荧光灯管成为电流的通路开始发光。正常工作时电源的交流电压加在镇流器与灯管组成的串联电路上，交变电流通过镇流器的线圈，它总是阻碍电流变化，这时镇流器就起降压限流的作用，保证荧光灯的正常工作。

知识拓展

常用电光源

照明光源一般分热辐射型、气体放电光源和其他电光源三大类。在这三类电光源中，各种电光源的发光效率有较大差别。在实际应用中，可根据具体情况选择各种光源。

1. 热辐射型电光源

热辐射型电光源是以热辐射作为光辐射原理的电光源，包括白炽灯和卤钨灯，它们都是以钨丝为辐射体，通电后使之达到白炽温度，产生热辐射。这种光源统称为热辐射光源，目前仍是重要的照明光源，生产数量极大。

2. 气体放电型电光源

气体放电型电光源主要以原子辐射形式产生光辐射。根据这些光源中气体的压力，又可分为低气压气体放电光源和高气压气体放电光源。

3. 其他电光源

其他电光源主要指高频无极灯、发光二极管 LED 灯。

高频无极灯的特点是超长寿命、无电极、瞬间启动和再启动无频闪、显色性好。

主要用于公共建筑、商店、隧道、步行街、高杆路灯、保安和安全照明及其他室外照明。

发光二极管 LED 灯是电致发光的固体半导体光源，其特点是高亮度电光源、可辐射各种色光和白光、寿命长、耐冲击和防振动、无紫外和红外辐射、低电压下工作（安全）。具有寿命长、能耗低、光效高、易控制、免维护、安全环保、可靠性高等优点。适用家庭、商场、银行、医院、宾馆、饭店及其他各种公共场所的照明。

任务反馈

（1）荧光灯电路的基本组成：________、________、________、________。

（2）荧光灯电路中镇流器与灯管________联，启辉器与灯管________联。

3.1.2　测量荧光灯电路

任务导航

荧光灯电路使用的电源不是直流电源，交流电路在串联电路中的电压的特点与直流电路的串联电路是否相同？测量仪表用什么？如何使用？

知识加油站

一、仪表的使用

用万用表测量交流电压：

（1）选挡：将万用表的选择开关置于交流电压“$\underset{\sim}{V}$”挡位上。

（2）选量程：当已知被测电压大小时，选用大于并接近被测值的量程。

例如测交流 220 V 电压，可以置于交流“250 V”量程。若不知被测电压大小，应置于交流最高量程测试，然后根据指针摆动情况确定是否需要降低量程测量。

（3）读数：读标有“$\underset{\sim}{V}$”的刻度线。读数方法与测直流电压时相同。

注意：两表笔不分正负，万用表测交流电压时应与被测电路并联。

二、连接电路测量

（1）连接如图 3-1-5（b）所示的荧光灯电路，闭合电源使灯管正常发光，测量荧光灯电路的交流电压。

灯管两端的电压 U_R = ________________；

镇流器两端的电压 U_L = ________________。

（2）将两个白炽灯串联后（相当于两个电阻串联），接入 220 V 电源如图 3-1-8 所示，测两灯泡上的电压。

灯泡 L_1 两端的电压 U_{L_1} = ________________；

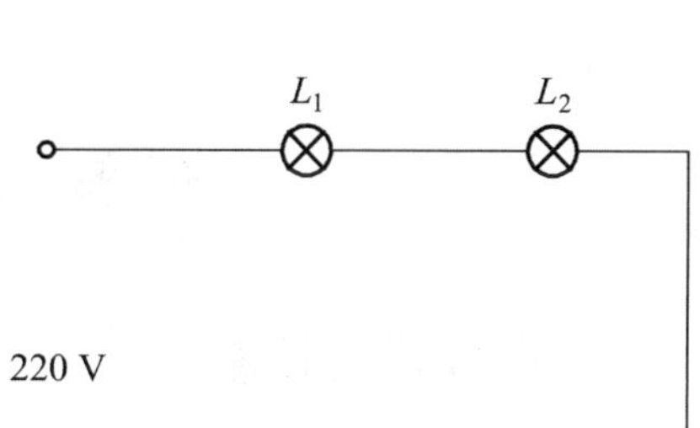

图 3-1-8　灯泡串联

灯泡 L_2 两端的电压 U_{L_2} = ________。

结果分析：

（1）在图 3-1-9（a）中所示电路中，灯管正常发光后，启辉器断开，等效电路如图 3-1-9（b）中所示。此时镇流器与灯管构成串联电路，相当于电阻与电感串联。

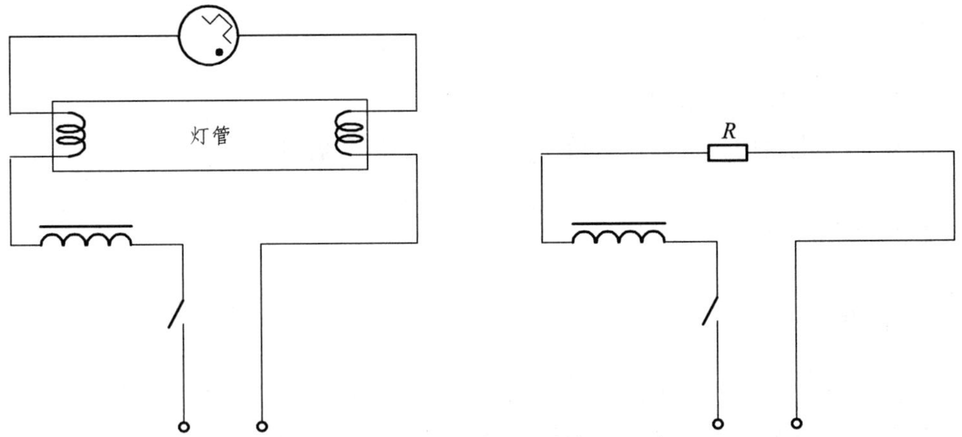

（a）原理图　　（b）等效电路图

图 3-1-9　荧光灯电路

（2）在图 3-1-8 所示的电路中各电压的测量结果符合 $U=U_1+U_2$，表明在交流电路和直流电路中，电阻串联分压的特点是相通的。

（3）在图 3-1-9 所示电路中的各电压测量结果 $U \neq U_R+U_L$，表明在交流电路中电感的性质与电阻性质是不同的。

任务反馈

（1）交流电压表使用时两表笔________正负，电压表与被测量电路________联。

（2）交流电路中，电阻电路串联总电压________（等于、不等于）各电阻两端电压之和；非纯电阻电路串联总电压________（等于、不等于）各部分两端电压之和。

任务 3.2　学习单相交流电

知识与技能

（1）掌握正弦交流电的三要素。

（2）理解相位、初相位、相位差的基本概念并掌握它们之间的关系。

（3）学会正弦交流的表示法。

（4）了解正弦交流量解析式、波形图、相量图的相互转换。

3.2.1　学习正弦交流电的基本概念

任务导航

（1）用万用表测单相电源的电压 V。

（2）用示波器观察交流电压的波形，如图 3-2-1 所示。

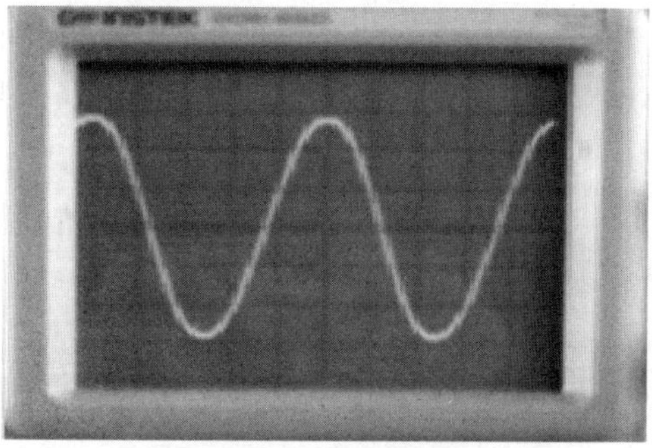

图 3-2-1　交流电压波形

大小和方向随时间做周期性变化的电动势、电压和电流分别称为交流电动势、交流电压和交流电流。

大小和方向随时间按正弦规律做周期性变化的交流电称为正弦交流电。

知识加油站

一、瞬时值、最大值和有效值

（1）瞬时值：交流电在任一瞬时所对应的值，称为瞬时值。用小写字母 u 、i 、e 分别表示正弦电压、电流、电动势，如图 3-2-2 所示。

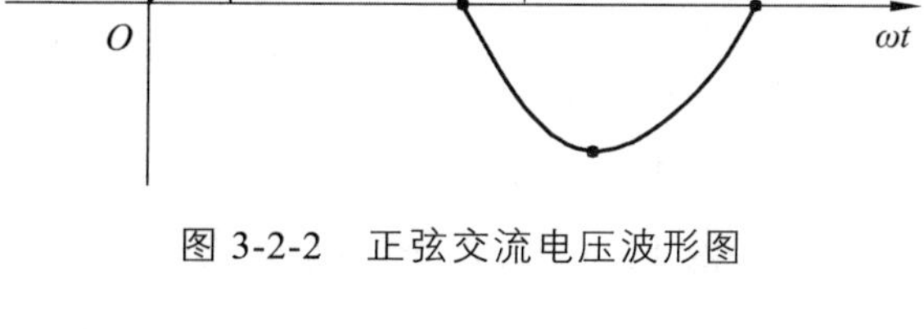

图 3-2-2　正弦交流电压波形图

（2）最大值：正弦交流电最大的瞬时值称为最大值，也称峰值或幅值。分别用字母 U_m、I_m、E_m 表示。

（3）有效值：交流电的有效值是根据电流的热效应来规定的。将交流电和直流电分别通过同样阻值的电阻，如果它们在同一时间内产生的热量相等就把这一直流电的数值称为这一交流电的有效值，如图 3-2-3 所示。用字母 U、I、E 分别表示电压、电流、电动势的有效值。

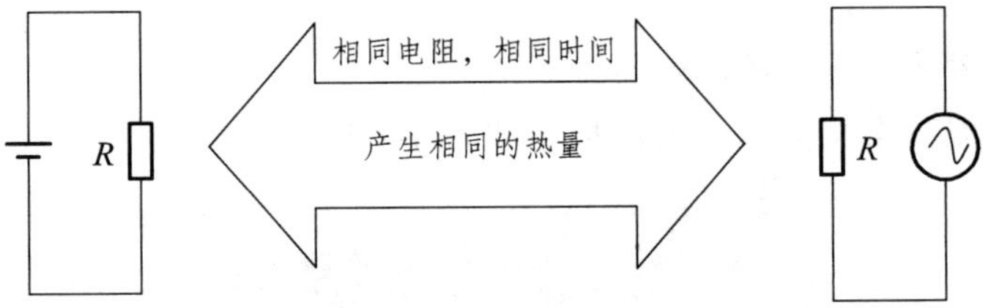

图 3-2-3　交流电的有效值

正弦交流电的有效值与最大值的关系：有效值 $= \dfrac{最大值}{\sqrt{2}}$，即

$$U=\frac{U_m}{\sqrt{2}}、\quad I=\frac{I_m}{\sqrt{2}}、\quad E=\frac{E_m}{\sqrt{2}}$$

知识拓展

各种使用交流电的电气设备上所标的额定电压和额定电流的数值都是有效值；一般的交流电流表和交流电压表测量的数值，也都是指有效值。

二、周期、频率和角频率

（1）周期：正弦交流电完成一次周期性变化所需的时间，通常用字母 T 表示，单位是 s（秒）。

（2）频率：正弦交流电在 1s 内完成周期性变化的次数，通常用字母 f 表示，与周期的关系如图 3-2-4 所示为

$$f=\frac{1}{T}$$

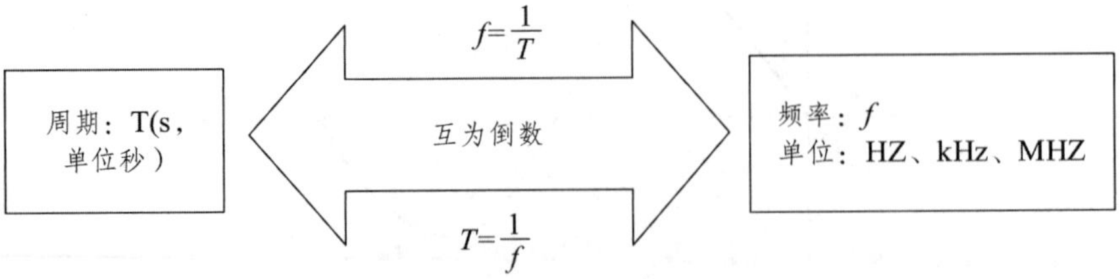

图 3-2-4　周期和频率的关系

（3）角频率：通常交流电变化一周可用 2π弧度或 360°来计量，正弦交流电 1 s 内所变化的角度（电角度）称为正弦交流电的角频率。用 ω 表示，单位是弧度/秒（rad/s）。角频率与周期的关系为

$$\omega = 2\pi f = \frac{2\pi}{T}$$

知识拓展

我国供电系统中，交流电的频率是 50 Hz，习惯上称为“工频”，周期为 0.02 s。世界上多数国家的交流电频率是 50 Hz；但也有不少国家，如美国、加拿大、日本，交流电的频率为 60 Hz。

三、相位、初相位和相位差

（1）相位：交流电每一时刻都是变化的，正弦交流电在 t 时刻所对应的角度（$\varphi = \omega t + \varphi_0$），称为相位角，简称相位。它反映了交流电变化的进程。

（2）初相位：把 $t = 0$ 所对应的相位（φ_0）称为初相位，简称初相。相位和初相位的单位都是弧度（rad）。

（3）相位差：两个同频率的正弦交流电的相位之差称为相位差，用 $\Delta\varphi$ 表示：

$$\Delta\varphi = \varphi_1 - \varphi_2 = \omega t + \varphi_{01} - \omega t - \varphi_{02} = \varphi_{01} - \varphi_{02}$$

由此可见，相位差就是它们的初相位之差。相位差的范围一般为 $-\pi < \Delta\varphi \leqslant \pi$。

相位差表明了同频交流电的相位关系，超前或滞后表示。

若如图 3-2-5 所示 $\Delta\varphi = \varphi_{01} - \varphi_{02} \geqslant 0$，则 e_1 超前 e_2，或 e_1 滞后 e_2。

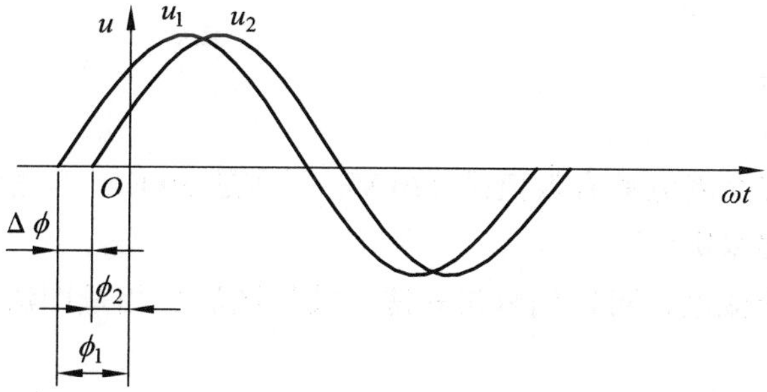

图 3-2-5 正弦交流电的波形图

当 $\Delta\varphi = \varphi_{01} - \varphi_{02} = 0°$时，两个正弦交流电的相位相同，简称同相，如图 3-2-6 所示。

当 $\Delta\varphi = \varphi_{01} - \varphi_{02} = 180°$时，两个正弦交流电的相位相反，简称反相，如图 3-2-7 所示。

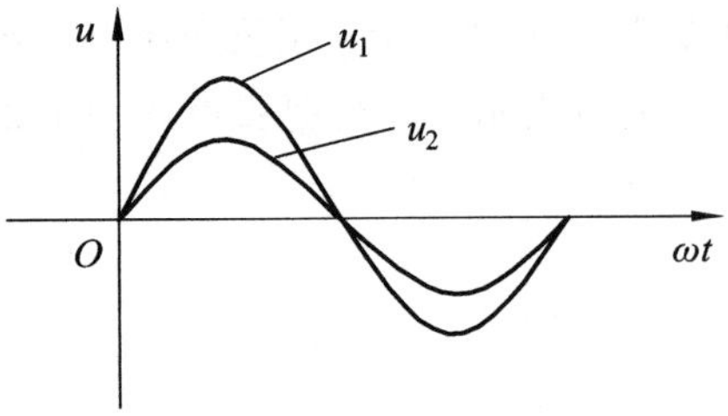

图 3-2-6　同相

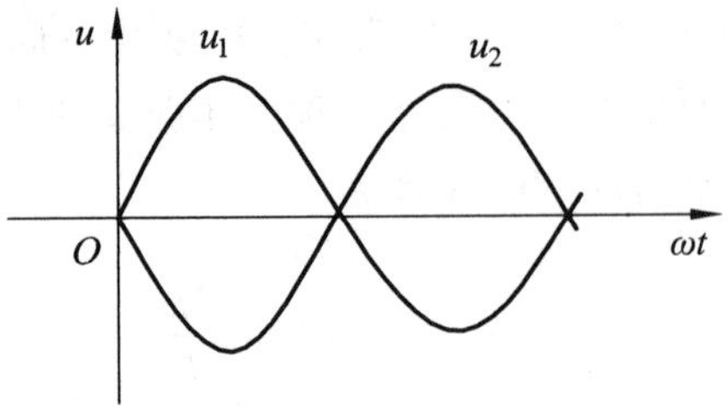

图 3-2-7　反相

在上述的物理量中，最大值反映了正弦交流电变化的幅度，角频率（或周期、频率）反映了正弦交流电变化的快慢，初相位反映了正弦交流电变化的初始位置（$t=0$时）。可见，这三个物理量反映了正弦交流电的变化规律，所以称最大值、角频率、初相位为正弦交流电的三要素。

若已知三要素，可以唯一地确定一个正弦量；换句话，一个完整的正弦量，必然体现出它的三要素。

任务反馈

（1）写出电动势的有效值为 E 及电流的有效值为 I 的正弦交流电的最大值各是__________，__________。

（2）我国生活用电的电压是 220 V，其有效值是__________，最大值是__________。

（3）能够描述交流电变化快慢的物理量有__________、__________、__________。

（4）频率为 50 Hz 交流电的周期是__________、频率是__________。

（5）交流电的三要素是__________、__________、__________。

（6）交流电的相位关系有__________、__________、__________、__________。

3.2.2 学习正弦交流电的表示法

任务导航

（1）已知某正弦交流电的有效值是 220 V、频率是 50 Hz、初相位为 45°，用哪些方法能将交流电表示出来呢？

（2）一个正弦交流电，可以用解析式法、波形图法、相量图法等方法表示。

知识加油站

一、解析式法

用正弦函数式表示正弦交流电随时间变化关系的方法称为解析式（瞬时值表达式）。

电流、电压、电动势的解析式为

$$i = I_m \sin(\omega t + \varphi_{i0})$$
$$u = U_m \sin(\omega t + \varphi_{u0})$$
$$e = E_m \sin(\omega t + \varphi_{e0})$$

【例题】正弦交流电电压解析式 $u = 311\sin(314t + 60°)$ V，求这个正弦交流电压的最大值、有效值、角频率、频率、周期和初相。

【解】最大值：$U_m = 311$ V

有效值：$U = U_m / \sqrt{2} = 220$ V

角频率：$\omega = 314$ rad/s

频率：$f = \dfrac{\omega}{2\pi} = \dfrac{314}{2 \times 3.14}$ Hz $= 50$ Hz

周期：$T = \dfrac{1}{f} = \dfrac{1}{50}$ s $= 0.02$ s

初相：$\varphi_0 = 60°$

二、波形图法

用正弦曲线表示正弦交流电随时间变化关系的方法称为波形图表示法，简称波形图法。如图 3-2-8 所示，图中的横坐标表示电角度或时间 t，纵坐标表示随时间变化的电流、电压、电动势的瞬时值，波形图可以完整地反应正弦交流电的三要素。

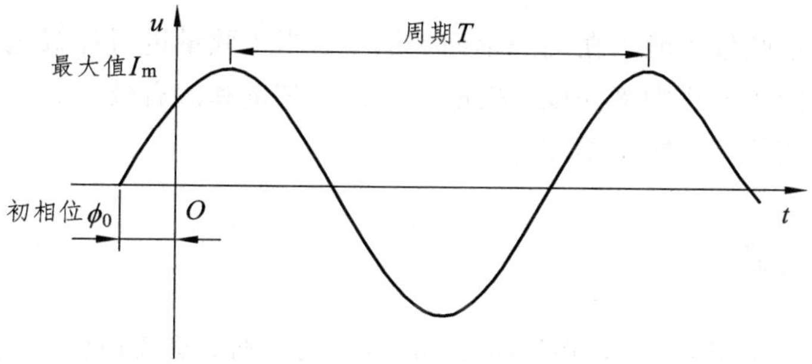

图 3-2-8　正弦交流电的波形图

知识拓展

通过波形图可以解读初相位的正、负，如果波形图的起点在坐标的正方向，即起点为正值，则初相位为正；如果波形图的起点在坐标的负方向，即起点为负值，则初相位为负。

三、相量图表示法

对正弦交流电进行较为复杂的计算时，常会遇到两个相同频率的正弦量相加减的情况。无论是运用波形图逐点相加还是用解析式进行代数计算都很不方便。在实际应用中，常采用相量图表示法来解决这一问题。

如图 3-2-9 所示，以 x 轴正方向为参考方向，图中相量的长度表示正弦交流电的有效值，相量与参考方向的夹角表示初相位。用符号 $\dot{E}$ 、$\dot{U}$ 、$\dot{I}$ 表示。

【例题】已知正弦交流电压 $u = 220\sqrt{2}\sin(314t + 45°)$ V，正弦交流电流 $i = 141.4\sin(314t - 30°)$ A，试画出它们的相量图。

【解】同频率的几个正弦量可以画在同一个图上，则画出的电压与电流的相量图如图 3-2-10 所示。

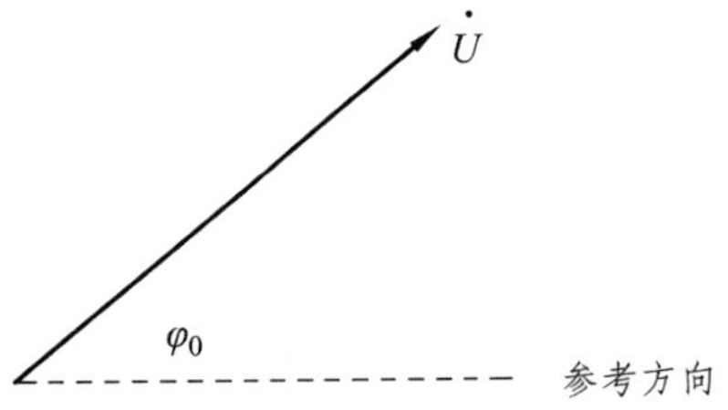

图 3-2-9　正弦交流电的相量图

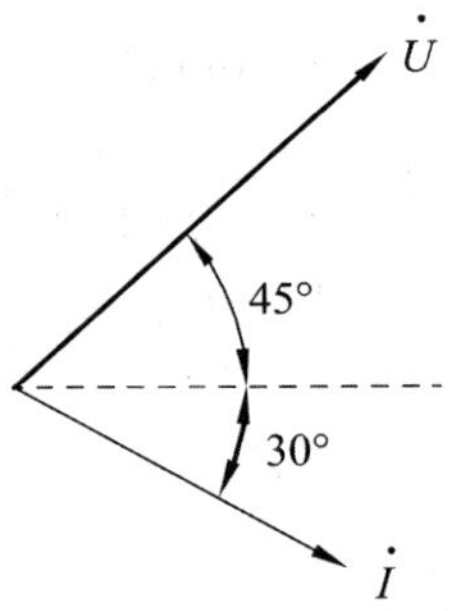

图 3-2-10　例 3.2.2 题图

知识拓展

只有同频的正弦量才能画在同一幅向量图中，当正弦量进行加减运算时，可以在相量图中运用平行四边形法则来完成。相量的和为正弦量和的有效值，与参考方向的夹角即为正弦和的初相位，角频率不变。

任务反馈

（1）已知正弦交流电流 $i = 10\sqrt{2}\sin(314t + 30°)$ A。则该交流电的最大值为______A、有效值为______A、角频率为______rad/s、初相为______。

（2）已知某正弦交流电压的有效值是 220 V，频率是 50 Hz，初相是 45°，该交流电的解析式为__________________。

（3）如图 3-2-11 所示正弦交流电流的波形图，该电流的最大值为______A，周期为______s，频率为______Hz，角频率为______rad，初相位为______rad，电流的瞬时值表达式是__________________。

（4）正弦交流电的表示方法有__________、__________、__________。

（5）已知交流电压、电流的解析式分别为：$u = 100\sqrt{2}\sin(\omega t - 30°)$ V、$i = \sqrt{2}\sin(\omega t + 60°)$ A。试画出它们的相量图。

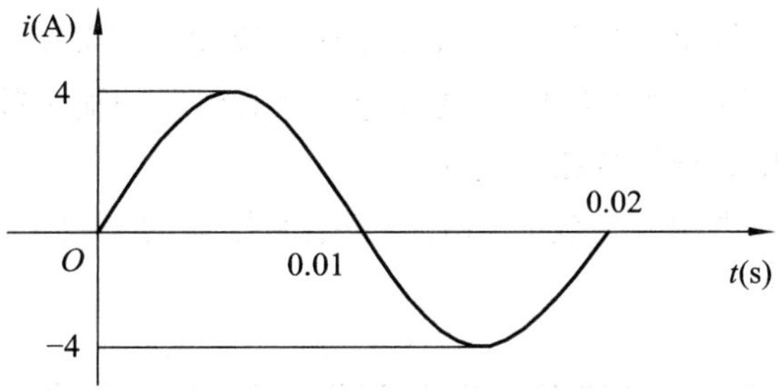

图 3-2-11　正弦交流电波形图

任务 3.3　认知单相交流电路

知识与技能

（1）理解电感、电容对交流电的阻碍作用，掌握感抗和容抗的计算。

（2）理解电阻元件、电感元件、电容元件电压与电流的大小和相位关系。

（3）理解 *RL* 串联电路的阻抗概念，掌握电压三角形、阻抗三角形。

（4）理解有功功率、无功功率、视在功率及功率三角形。

（5）理解功率因数的概念。

（6）会利用电压三角形分析电路的电压特点。

（7）了解提高功率因数的意义和方法。

（8）理解感性负载并联电容器提高功率因数的原理

3.3.1　认知纯电阻电路

任务导航

（1）在如图 3-3-1 所示电路中，调节电位器，分别测出 *R* 两端的电压和通过 *R* 的电流，重复几次，记录测量结果。

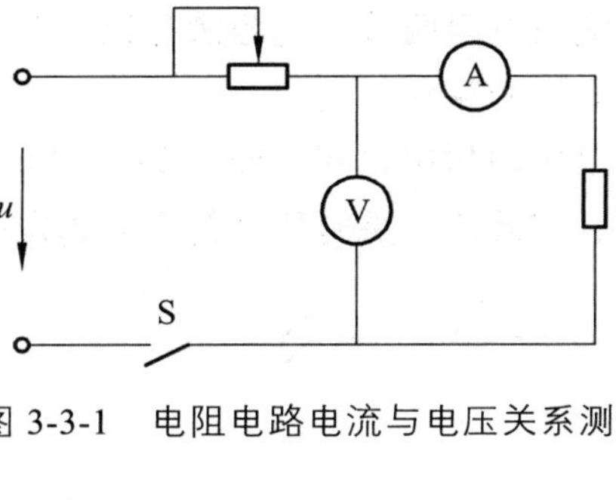

图 3-3-1　电阻电路电流与电压关系测量

通过测量数据可以得出电流与电压成（正比、反比、无关）。

（2）在如图 3-3-2 所示的电路中，调节低频交流电源的输出频率在 0.1 ~ 1 Hz 范围内，观察电流表和电压表指针的摆动情况。

通过测量结果可以看出，电流表和电压表指针摆动的步调（一致、不一致）；指针摆动的快慢（一致、不一致）。

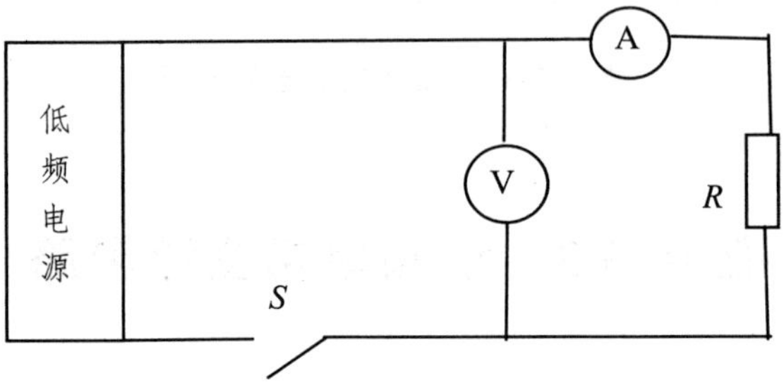

图 3-3-2　电阻电路相位关系的测试

上述测量结果表明，电流与电压的相位关系是（同相、反相、电流超前、电压超前）。

知识加油站

一、纯电阻电路

纯电阻电路是只有电阻负载的交流电路，如图 3-3-3（a）所示。常见的白炽灯、电炉、电烙铁等与交流电源组成的电路都是纯电阻交流电路。

二、纯电阻电路电流与电压的关系

设加在电阻两端的电压为 $u_R = U_{Rm}\sin\omega t$

实践证明：在任一瞬间通过电阻的电流 i 与电阻两端的电压 u_R 及电阻值 R 仍满足欧姆定律，即

$$i = \frac{u_R}{R} = \frac{U_{Rm}\sin\omega t}{R} = I_m \sin\omega t$$

由此表明通过电阻的电流与电阻两端的电压满足以下关系：

（1）频率关系：电流与电压的频率相同。

（2）相位关系：电流与电压的相位相同，如图 3-3-3（b）、（c）所示。

（3）数值关系：最大值、有效值、瞬时值都符合欧姆定律。即

$$I_m = \frac{U_{Rm}}{R}、I = \frac{U_R}{R}、i = \frac{u_R}{R}$$

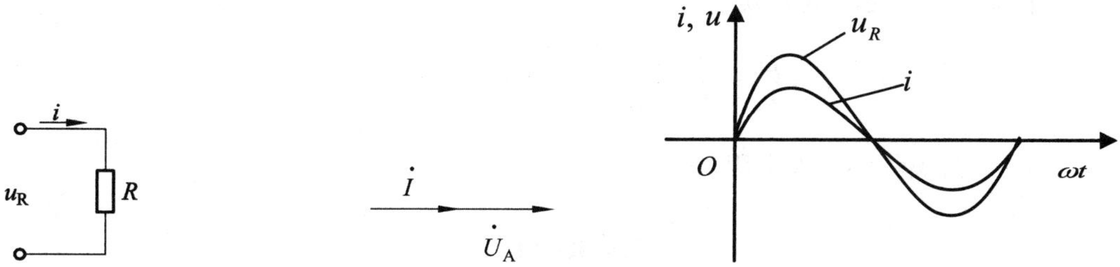

（a）电路图　　（b）波形图　　（c）相量图

图 3-3-3　纯电阻电路

三、功　率

如图 3-3-4 波形图所示，纯电阻在交流电路中功率总是正值。这表明，在任意瞬间电阻总是消耗电能，将电能转化为热能。它是耗能元件。

通常用电阻在交流电一个周期内功率的平均值来表示功率的大小，称为平均功率，又称有功功率，用 P 表示，单位为瓦特（W）、千瓦（kW）。

有功功率 P 的计算公式为

$$P = U_{\mathrm{R}}I = I^2R = \frac{U^2}{R}$$

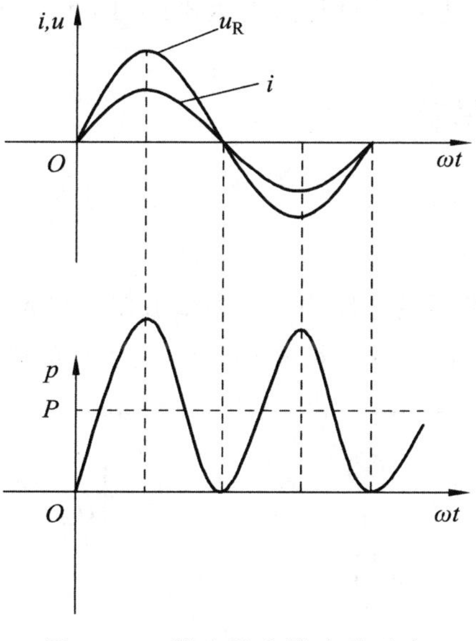

图 3-3-4　纯电阻交流电路功率

【例题】 已知某白炽灯的额定电压为 220 V，额定功率为 100 W，其两端所加电压为 $u = 220\sqrt{2}\sin 314t$ V。求：（1）交流电的频率；（2）白炽灯的工作电阻；（3）白炽灯的有功功率。

【解】（1）交流电的频率

$$f=\frac{\omega}{2\pi}=\frac{314}{2\times3.14}\text{Hz}=50\text{ Hz}$$

（2）白炽灯的工作电阻

$$R=\frac{U^2}{P}=\frac{220^2}{100}\Omega=484\ \Omega$$

（3）白炽灯的有功功率

$$P=\frac{U_R^2}{R}=\frac{220^2}{484}\text{W}=100\text{ W}$$

任务反馈

（1）在纯电阻电路中，电流与电压的______值、______值、______值都符合欧姆定律，电流与电压在相位关系为______。

（2）把阻值为 100 Ω的电阻接到 $u=10\sqrt{2}\sin(10\pi t+30°)$ V 的交流电源上，则通过电阻的电流有效值为______A，电流的解析式为______。

（3）一个“220 V，25 W”的灯泡接在 $u=220\sqrt{2}\sin(314t+60°)$ V 的电源上，试求：（1）灯泡的工作电阻；（2）电流的瞬时值表达式；（3）作出电压、电流的相量图。

3.3.2 认知纯电感电路

任务导航

如图 3-3-5、图 3-3-6 所示的电路中，L 为镇流器。首先测出镇流器的电阻 r，其中直流电压和交流电压的有效值相等，且 $R=r$，各白炽灯的规格相同。

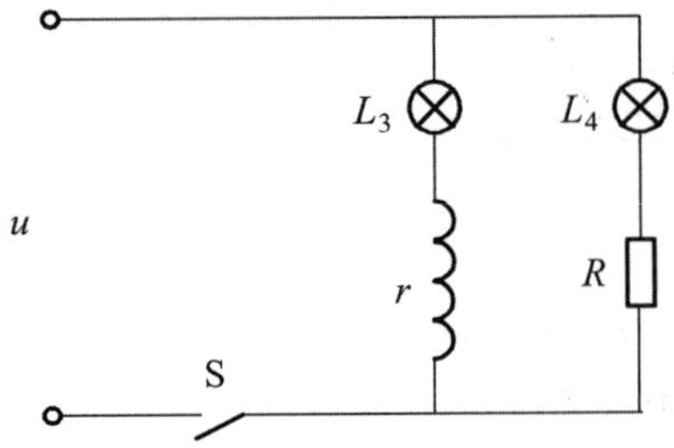

图 3-3-5 交流电路

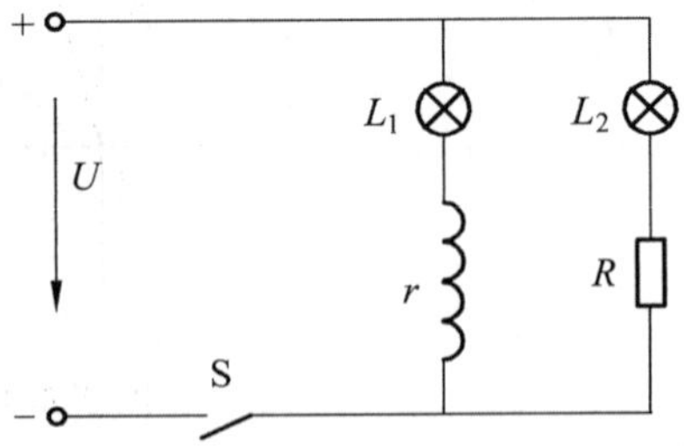

图 3-3-6 直流电路

闭合上述两个电路的开关 S，观察并比较 4 只灯泡 L_1、L_2、L_3、L_4 的亮度，结果会发现：_________的亮度相同，_________的亮度较低。

通过对比实验得：

（1）电阻 R 对直流电和交流电的阻碍作用_________（相同、不同）。

（2）整流器（电感线圈）和电阻 R 对直流电的阻碍作用_________（相同、不同）。

（3）镇流器（电感线圈）对直流电和对交流电的阻碍作用_________（相同、不同）。

知识加油站

一、感　抗

对交流电路而言，电感线圈除了线圈的电阻外，其电感对电流也起阻碍作用，这种阻碍作用称为感抗，用 X_L 表示，它的大小与自感系数和交流电的频率有如下的关系：

$$X_L = 2\pi fL = \omega L$$

式中，X_L、f、L 的单位分别是欧姆（Ω）、赫兹（Hz）、亨利（H）。

电感元件的感抗 X_L 与自感系数 L 和频率 f 两个量都有关系。当自感系数 L 一定时，频率 f 越高、感抗 X_L 越大，可见高频电流不易通过电感元件。对直流而言，由于 $f = 0$，则 $X_L = 0$，因此电感元件对直流电相当于短路。可见直流及低频电流很容易通过电感元件，电感元件具有“通直阻交”的性质。

知识拓展

电感对交流电的阻碍作用，可以概括为：通直流，阻交流，通低频，阻高频。因此电感也被称为低通元件。

在如图 3-3-7 所示的电路中，用双踪示波器观察 L 两端电压的波形和电流波形（电流波形可通过测量电阻两端的电压波形获得）。

通过测量结果可以看出，通过电感的电流与其两端电压的变化步调_________（一致、不一致）；变化的快慢_________（一致、不一致）。

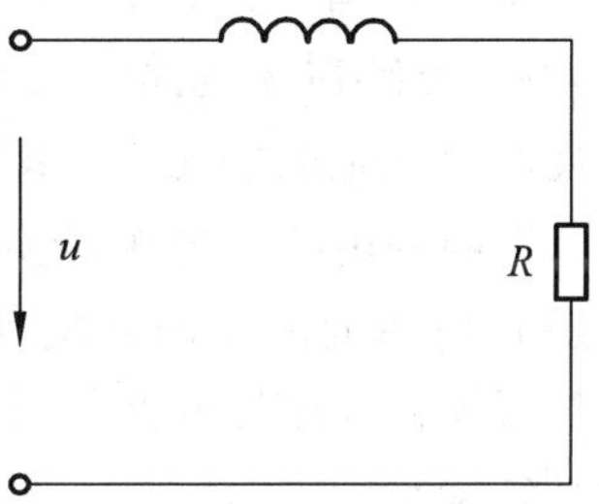

图 3-3-7　电感电路的相位关系

（1）上述测量结果表明，电流与电压的相位关系是_________（同相、反相、电流超前、电压超前）。

（2）电流与电压的周期（频率）_________（相同、不同）。

（3）能画出电感电路中的电流、电压的波形图和相量图吗？

二、纯电感电路电流与电压的关系

纯电感电路是只有空心线圈的负载而且线圈的电阻和分布电容均忽略不计的交流

电路，如图 3-3-8（a）所示。纯电感电路是理想电路。

设加在电感两端的电压为 $u_L = U_{Lm}\sin\omega t$

实践证明：纯电感电路电流与电压的最大值、有效值符合欧姆定律，瞬时值不符合欧姆定律。

由此表明通过电阻的电流与电阻两端的电压满足以下关系：

（1）频率关系：电流与电压的频率相同。

（2）相位关系：电流在相位上滞后电压 $\dfrac{\pi}{2}$，如图 3-3-8（b）、图 3-3-8（c）所示。

（3）数值关系：最大值、有效值符合欧姆定律。即

$$I_{\mathrm{m}} = \frac{U_{L\mathrm{m}}}{X_{\mathrm{L}}}、I = \frac{U_{\mathrm{L}}}{X_{\mathrm{L}}}、i = \frac{U_{L\mathrm{m}}}{X_L}\sin\left(\omega t - \frac{\pi}{2}\right)$$

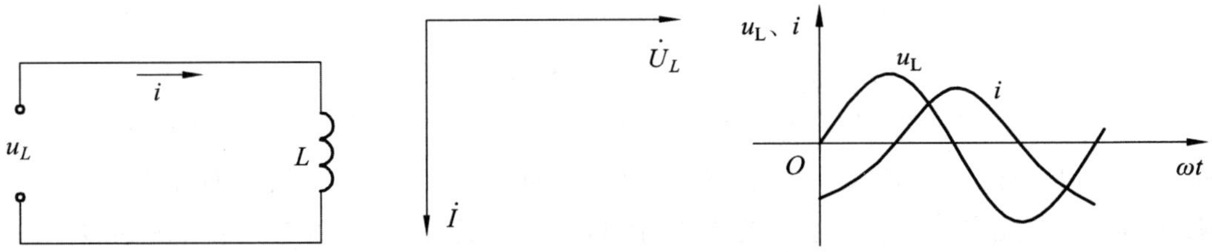

（a）电路图　　（b）相量图　　（c）波形图

图 3-3-8　纯电感电路

三、纯电感交流电路的功率

如图 3-3-9 所示的波形图，纯电感电路的瞬时功率在一个周期内，有一半为正值，有一半为负值。因此，瞬时功率的平均值为零，即 $P = 0$。电感器在电路中与电源进行能量的交换，不消耗能量，是储能元件，即有功功率为零。

不同的电感与电源转换能量的多少也不同，通常用瞬时功率的最大值来反映电感与电源之间转换能量的规模，称为无功功率，用 Q_L 表示，单位乏（Var）。其计算试为

$$Q_{\mathrm{L}} = U_{\mathrm{L}}I = I^2X_{\mathrm{L}} = \frac{U_{\mathrm{L}}^2}{X_{\mathrm{L}}}$$

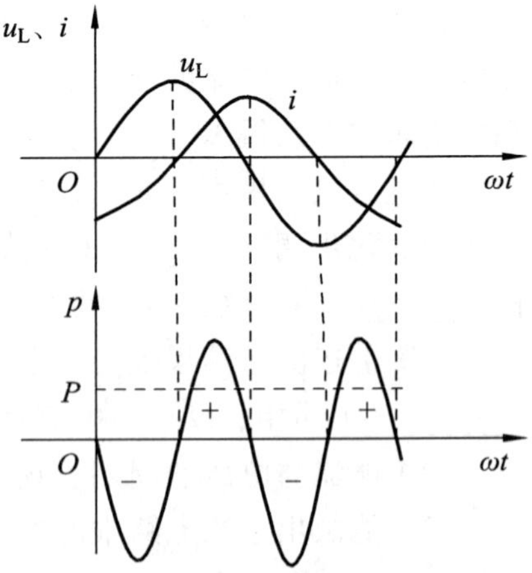

图 3-3-9　纯电感电路功率

知识拓展

电感元件有阻碍电流变化的作用，而自身又不消耗能量，所以在电工和电子技术中有广泛应用，如荧光灯的镇流器、直流电源的滤波器、电动机启动、风扇调速、电焊机

调节电流的电抗器等。由于绕制线圈的导线总会有电阻，所以很难制成纯电感元件，只是在电阻很小时，可以忽略不计，视为纯电感电路。

任务反馈

（1）电感对交流电的阻碍作用可简单概括为__________，因此电感元件也被称为__________元件。

（2）纯电感正弦交流电路中，电流与电压的值__________、__________值符合欧姆定律，电流与电压的相位关系为__________。

（3）有一个 $L=0.5\text{H}$ 的电感线圈接在 $u=220\sqrt{2}\sin(314t+60°)$ V S 无功功率；试求：① 线圈的感抗；② 电流的大小；③ 电路的的无功功率；④ 电压、电流的相量图。

3.3.3 认知纯电容电路

任务导航

如图 3-3-10 所示，C 为电容器，电压表和电流表为中立表。调节低频交流电源的输出频率在 0.1 ~ 1 Hz，观察开关 S 闭合和断开时灯泡的亮度及中立电压表和电流表的指针偏转情况。结果会发现________（断开、闭合）时灯泡亮度较暗。电压表和电流表指针的偏转步调________（一致、不一致），指针偏转的快慢________（一致、不一致）。

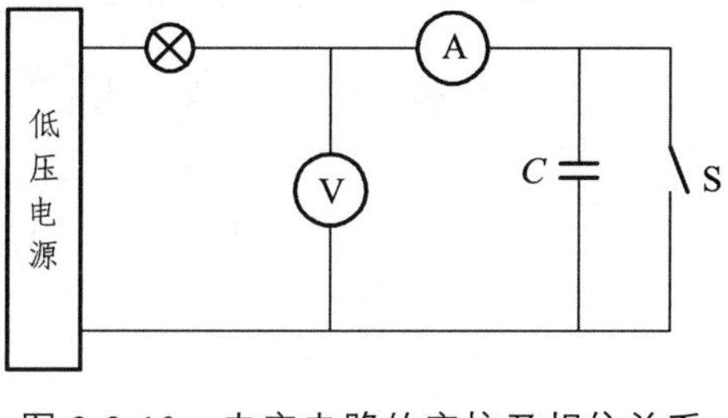

图 3-3-10　电容电路的容抗及相位关系

观察得出结论：

（1）电容器对交流电（有、没有）阻碍作用。

（2）电容电路电流与电压的周期（频率）（相同、不相同）。

（3）电容电路电压与电流的相位（相同、不相同）。

（4）能画出电容电路的电压、电流的波形图和相量图吗？

知识加油站

一、容　抗

实验表明交流电能通过电容器，但电容对交流电有阻碍作用。这种阻碍作用称为容抗，用 X_C 表示。它的大小与其电容 C 和交流电的频率 f 的关系如下：

$$X_C=\frac{1}{2\pi fC}=\frac{1}{\omega C}$$

式中　X_C、f、C 的单位分别是：欧姆（Ω）、赫兹（Hz）、法拉（F）。

电容元件的容抗 X_C 与电容 C 和频率 f 两个量都有关系。当电容 C 一定时，频率 f 越高、容抗 X_C 越大，可见低频电流不易通过电容元件。对直流而言，由于 $f=0$ 则 $X_C=\infty$，因此电容元件对直流电相当于断路。可见直流电流不能通过电容元件，电容元件具有“隔直阻交”的性质。

电容对交流电的阻碍作用，可以概括为：隔直流，通交流，通高频，阻低频。因此电容也被称为高通元件。

二、纯电容电路电流与电压的关系

纯电容电路如图 3-3-11（a）所示，是只有电容器负载且电容器的漏电电阻忽略不计的交流电路。

设加在电容两端的电压为 $u_C=U_{Cm}\sin\omega t$

实验表明：纯电容电路电流与电压的最大值、有效值符合欧姆定律。

由此表明通过电阻的电流与电阻两端的电压满足以下关系：

（1）频率关系：电流与电压的频率相同。

（2）相位关系：电流在相位上超前电压 $\frac{\pi}{2}$，如图 3-3-11（b）、图 3-3-11（c）所示。

（3）数值关系：最大值、有效值符合欧姆定律，即

$$I_m=\frac{U_{Cm}}{X_C},\quad I=\frac{U_C}{X_C},\quad i=\frac{U_{Cm}}{X_C}\sin\left(\omega t+\frac{\pi}{2}\right)$$

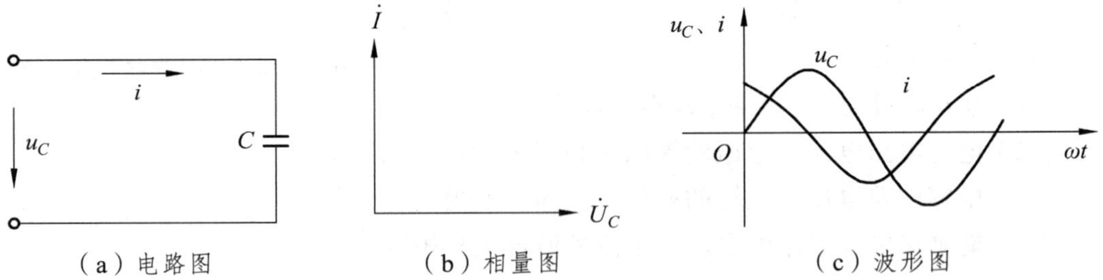

（a）电路图　（b）相量图　（c）波形图

图 3-3-11　纯电容电路

三、纯电容电路的功率

如图 3-3-12 所示的波形图，纯电容电路的瞬时功率在一个周期内，有一半为正值，有一半为负值。因此，瞬时功率的平均值为零，即 $P=0$。电容器在电路中与电源进行能量的交换，不消耗能量，是储能元件，即有功功率为零。

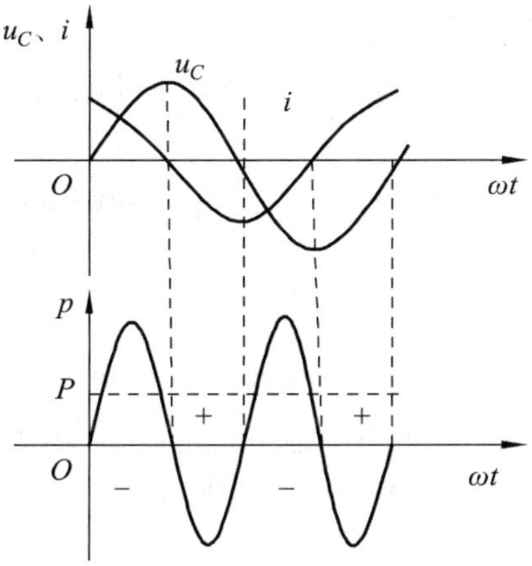

图 3-3-12　电容电路的功率

不同的电容与电源转换能量的多少也不同，通常用瞬时功率的最大值来反映电容与电源之间转换能量的规模，称为无功功率，用 Q_C 表示，单位乏（Var）。其计算公式为

$$Q_C = U_C I = I^2 X_C = \frac{U_C}{X_C}$$

知识拓展

无功功率不是无用功率。"无功"的含义是"交换"而不是"消耗"，是相对于有功而言的。无功功率表示交流电路中能量转换的最大值。

任务反馈

（1）电容对交流电的阻碍作用可简单概括为_______，因此电容元件也被称为__________元件。

（2）纯电容正弦交流电路中，电流与电压的__________值、__________值符合欧姆定律，电流与电压的相位关系为__________。

（3）已知一电容器通过 50 Hz 电流时，其容抗为 100 Ω，电流与电压的相位差为 90°。试问频率升高至 5000 Hz 时，其容抗是多少？相位差又是多少？

3.3.4　认知 *RL* 串联交流电路

任务导航

在任务一的活动二中，我们测得在荧光电路中灯管两端的电压与镇流器两端的电压之和并不等于电源两端的电压，即 $U \neq U_R + U_L$。为什么？那么 *RL* 交流电路中电压与电流、总电压与各部分电压的关系如何？

如完成如图 3-3-13 所示，L 为电阻可以忽略不计的电感线圈，闭合开关 S。

（1）用电压表分别测出电阻两端电压 U_R、电感两端电压 U_L、串联电路两端的总电压 U，$U_R =$ ______V，$U_L =$ ______V，$U =$ ______V。

（2）用双踪示波器观察 u_R、u_L 的波形，u_R、u_L 相位__________（相同、不相同）；u、u_R 相位__________（相同、不相同）；u、u_L 相位__________（相同、不相同）。

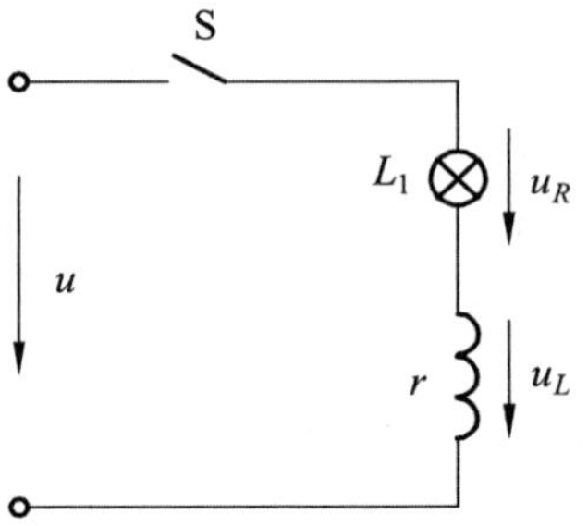

图 3-3-13　*RL* 串联电路

知识加油站

电阻与电感串联组成的电路称为 *RL* 串联交流电路，如图 3-3-14（a）所示。*RL* 串联电路包含了电阻、电感两个不同的电路参数，常见的线圈，如电动机、变压器的线圈都是 *RL* 串联电路。

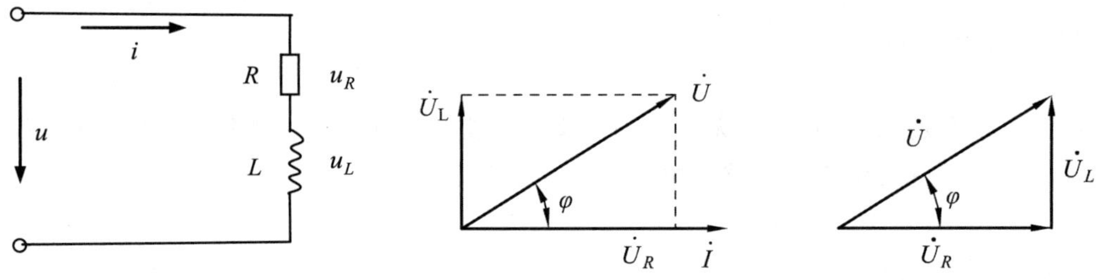

（a）电路图　　（b）相量图　　（c）电压三角形

图 3-3-14　*RL* 串联电路

一、*RL* 串联电路总电压与各部分电压之间的关系

交流电路的分析是以相量图为工具，画相量图时要先确定参考正弦量。因为串联电路中电流处处相等，所以分析 *RL* 交流电路通常以电流为参考正弦量。

如图 3-3-14 所示，设通过 *RL* 串联交流电路的电流

$$i = I_m \sin \omega t$$

则电阻两端的电压

$$u_R = RI_m \sin \omega t$$

电感两端的电压

$$u_L = X_L I_m \sin\left(\omega t + \frac{\pi}{2}\right)$$

串联电路的总电压等于各元件两端电压瞬时值之和，即

$$u = u_R + u_L$$

画出 u、u_R、u_L 及 i 的相量图，如图所示，利用平行四边形法则得出总电压与各部分电压的关系。

（1）频率关系：RL 串联电路中的电压、电流频率相同。

（2）相位关系：总电压超前电流 $\varphi = \varphi_u - \varphi_i = \arctan\dfrac{U_L}{U_R}$。

知识拓展

通常情况下，将总电压超前电流的电路称为感性电路；总电压滞后电流的电路称为容性电路；总电压和电流同相的电路称为阻性电路。

二、RL 串联电路的 3 个三角形

1. 电压三角形

根据 u、u_R、u_L 及 i 的相量图，$\dot{U}$、$\dot{U}_R$、$\dot{U}_L$ 构成直角三角形，称为电压三角形。得出总电压与各部分的电压间的数量关系：

$$U = \sqrt{U_R^2 + U_L^2}$$

2. 阻抗三角形

将 $U_R = IR$、$U_L = IX_L$ 代入总电压与各部分电压，则

$$U = \sqrt{(IR)^2 + (IX_L)^2} = I\sqrt{R^2 + X_L^2}$$

令

$$Z = \sqrt{R^2 + X_L^2}$$

则

$$I = \frac{U}{Z}$$

Z 称为电路的阻抗，单位为 Ω。它表示电阻和电感串联电路对交流电的阻碍作用，阻抗的大小取决于电路参数（R、L）和电源的频率。

将电压三角形三边同除以电流 I，可以得到由阻抗 Z、电阻 R、感抗 X_L 组成的直角三角形，称为阻抗三角形，如图 3-3-15 所示。

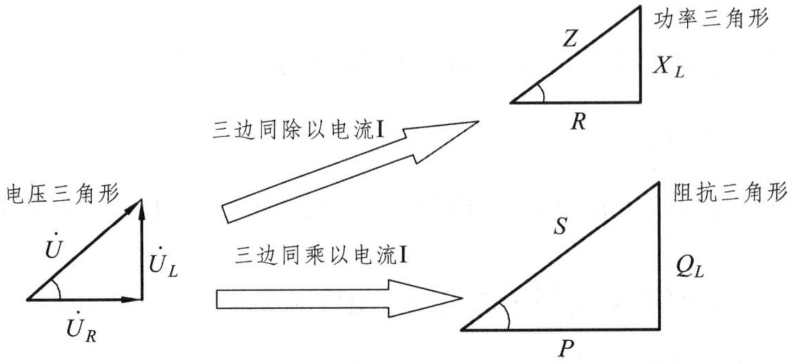

图 3-3-15　RL 串联电路的三个三角形

3. 功率三角形

电压三角形三边同时乘以 I 就可以得到功率三角形。如图 3-3-15 所示，总电压有效值与电流的乘积称为交流电的视在功率（包括有功功率和无功功率），用 S 表示，单位为 V · A。视在功率并不代表电路中消耗的功率，它常用于表示电源的容量。视在功率 S 与有功功率 P 和无功功率 Q 的关系为

$$S=\sqrt{P^2+Q^2}$$
$$P=S\cos\varphi$$
$$Q=S\cos\varphi$$

三、功率因数

在 RL 串联电路中，既有耗能元件电阻，又有储能元件电感。因此，电源提供的总功率一部分供电阻工作（有功功率），一部分用于电感与电源交换（无功功率）。这样就存在电源利用率问题。为了反映功率的利用率，把有功功率与视在功率的比值称为功率因数，用 $\cos\varphi$ 表示，则

$$\cos\varphi=\frac{P}{S}$$

上式表明，当视在功率一定时，功率因数越大，用电设备的有功功率也越大，电源输出功率的利用率就越高。功率因数的大小由电路参数（R、L）和电源的频率决定。

任务反馈

（1）RL 串联正弦交流电流中，已知电流 I 为 5 A，电阻 $R=30\,\Omega$，感抗 $X_L=40\,\Omega$，

则电路的阻抗 $Z=$ ________，电路的有功功率 $P=$ ________，无功功率 $Q_L=$ ________，视在功率 $S=$ ________。

（2）RL 串联电路总电压与各部分电压的关系：________。

（3）将 6 Ω 的电阻与感抗为 8 Ω 的电感串联后接入电压为 40 V 的交流电源时，则电路中的电流为多少？

3.3.5　交流电路功率因数的提高

任务导航

（1）已知某发电机的额定电压为 220 V，视在功率为 440 kV · A。① 用该发电机向额定工作电压为 220 V，有功功率为 4.4 kW，功率因数为 0.5 的用电器供电，问：能供多少个用电器正常工作？② 若把功率因数提高到 1 时，能供多少个用电器正常工作？

（2）额定值为“220 V、40 W”的白炽灯；而额定值为“220 V、40 W”的荧光灯，其功率因数 $\cos\varphi=0.4$。将它们接在输电线电阻同为 1 Ω 的电路中正常工作，则其输电过程中的电热损失各是多少？

实际电路中，大多数负载为感性负载，使电路中的功率因数较低，造成电源容量利用率偏低，电路损耗较大。因此提高电路的功率因数具有重要的意义。

知识加油站

一、提高功率因数的意义

（1）提高供电设备容量的利用率。

有公式 $\cos\varphi=P/S$ 可知，当视在功率 S（即供电设备的容量）一定时，功率因数越大，用电设备的有功功率 P 也越大，电路中的无功功率越小，供电设备的利用率就越大。

（2）减小输电线路上的能量损失。

当供电设备的电源电压一定，向用户输送一定的有功功率时，由公式 $I=P/(U\cos\varphi)$ 可知，I 与 $\cos\varphi$ 成反比，功率因数 $\cos\varphi$ 越高，电路中的电流越小，供电线路上的功率损耗越小。

二、提高功率因数的方法

如图 3-3-16 所示荧光灯电路只闭合开关 S_1 时，它是一个 RL 串联的感性电路（荧光灯就是典型的电感性电路电路），开关 S_1、S_2 均闭合时 RL 串联后与电容器 C 并联。

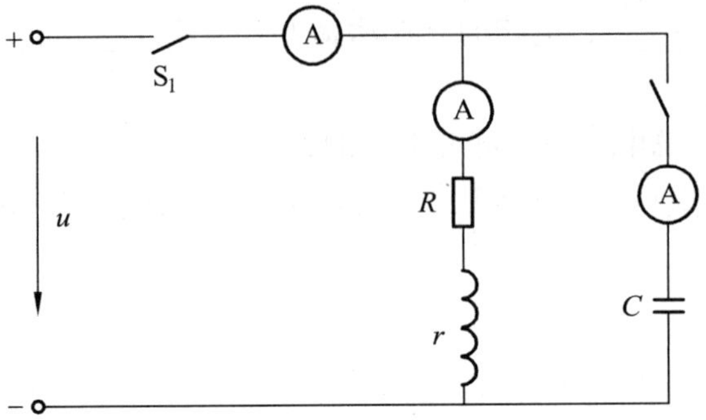

图 3-3-16　感性电路并联电容器电路

未并联电容器时（S_1闭合、S_2断开），读出电流表 A_1、A_2的示数分别为 I = ______A、I_{RL} = ______A。

并联电容器时（开关 S_1、S_2 均闭合），读出电流表 A_1、A_2、A_3 的示数分别为 I' = ______A，I'_{RL} = ______A，I_C = ______A。

分析结果：

并联电容器前后荧光灯的亮度______（变化、不变化）。

并联电容器前后荧光灯电路电流______（变化、不变化）。

并联电容器前后线路的总电流____（变化、不变化），I'____（是、否）等于 $I'_{RL}+I_C$。

并联电容器起什么作用？

1. 提高用电设备自身的自然功率因数

合理选择和使用用电设备，使供电设备的容量与负载相配合，接近满载运行，避免“大马拉小车”的现象。

2. 在感性负载上并联电容器提高功率因数

采用并联电容补偿提高功率因数的原理：

如图 3-3-17 所示，将电力电容器与感性负载并联，设感性负载原功率因数为 $\cos\varphi$。并联电力电容器后，总电流有 I 减小到 I'，电路的功率因数也由 $\cos\varphi$ 提高到 $\cos\varphi'$。

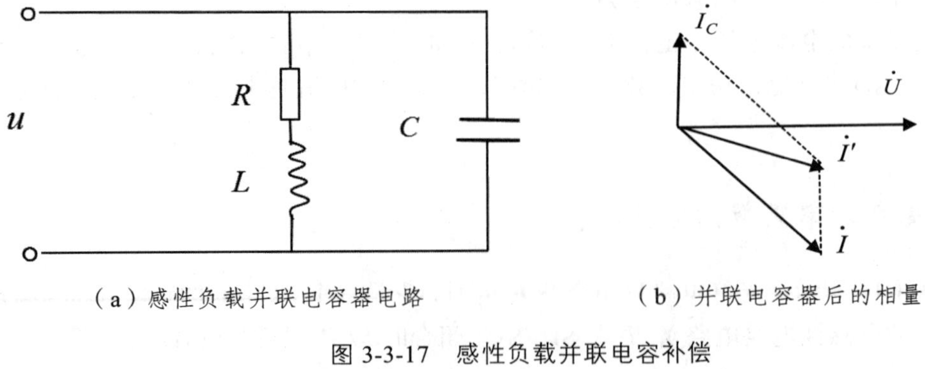

（a）感性负载并联电容器电路　　（b）并联电容器后的相量图

图 3-3-17　感性负载并联电容补偿

在工厂供配电系统中，采用个别补偿、分组补偿、集中补偿等不同的补偿方式。其中，集中补偿方式初投资较少，且便于控制和维护，所以应用更为广泛。个别补偿适用于负荷较稳定且无功功率较大的设备，这种补偿方法补偿范围大，但电容器的利用率低。

知识拓展

在并联电容器补偿提高功率因数时，并联电容器的容量越大，功率因数提高越多。但并不要求把功率因数补偿到 1，一般达到 0.9 以上即可。如果要使电路功率因数接近 1，所需电容器容量很大，这就大大增加设备投资，如果电容器的容量过大，造成“过补偿”，会使电路变成容性，功率因数反而会降低了。目前，大多数电气设备采用智能无功功率自动补偿控制器，可根据无功功率的变化情况，自动控制投入的电容器数量，以实现最佳补偿。

任务反馈

（1）__________叫功率因数，表达式为__________。其取值范围为__________。

（2）提高功率因数的方法有：__________，__________。

（3）提高功率因数的意义在于提高的__________利用率，并在有功功率一定时减小__________。

（4）提高功率因数的方法为：在感性电路的两端并联适当的__________。利用电容器的无功功率和电感的无功功率相互补偿，达到的__________目的。

任务 3.4　三相交流电路

知识与技能

（1）掌握三相交流电的产生。

（2）掌握三相交流电中相序的含义。

（3）掌握三相四线制供电系统的特点。

3.4.1 三相交流电

任务导航

（1）三相交流发电机：其外形如图 3-4-1 所示。

图 3-4-1　三相交流发电机模型

（2）三相交流发电机结构如图 3-4-2 所示。

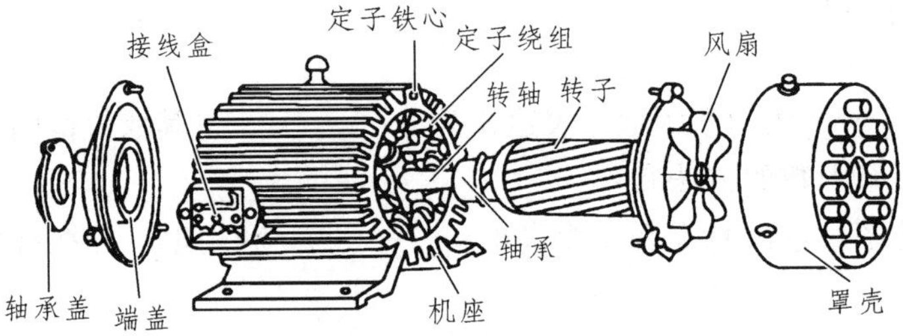

图 3-4-2　三相交流发电机结构

（3）三相交流发电机结构原理图如图 3-4-3 所示。

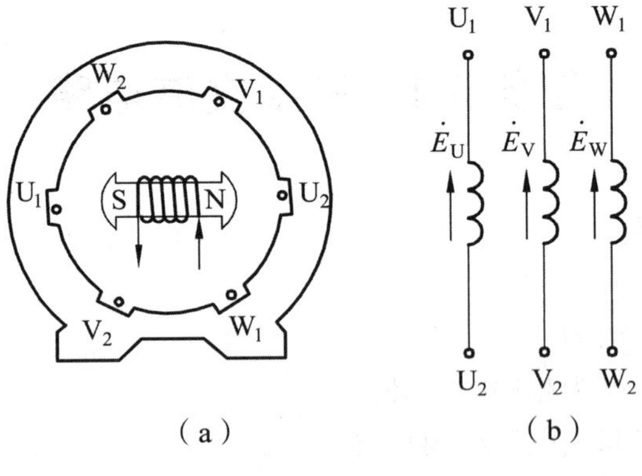

图 3-4-3　结构原理图

知识加油站

观察电力供电线路所采用的架空线和电缆线，可以发现它们通常都由三根线组成。工矿企业大量使用的三相异步电动机，在其接线盒的出线端，也要接入三根电源线。

在这里，电力供电线路所输送的和三相异步电动机所接入的都是三相交流电。那么，什么是三相交流电呢？概括地说，三相交流电就是三个单相交流电按一定方式进行的组合，这三个单相交流电的频率相同，最大值相等，相位彼此相差 120°。

目前电能的产生、输送和分配几乎都采用三相交流电。和单相交流电相比，三相交流电具有以下优点：

（1）三相发电机比体积相同的单相发电机输出的功率要大。

（2）三相发电机的结构不比单相发电机复杂多少，但使用、维护都比较方便，运转时比单相发电机的振动要小。

（3）在同样条件下输送同样大的功率，特别是在远距离输电时，三相输电比单相输电节约材料。

（4）从三相电力系统中可以很方便地获得三个独立的单相交流电。当有单相负载时，可使用三相交流电中的任意一相。

一、三相交流电动势的产生

三相交流电动势是由三相交流发电机产生的。图 3-4-3 所示为三相交流发电机的原理示意图。它主要由定子和转子组成。转子是电磁铁，其磁极表面的磁场按正弦规律分布。定子铁心中嵌放三个在尺寸、匝数和绕法上完全相同的线圈绕组，三相绕组始端分别用 U_1、V_1、W_1 表示，末端用 U_2、V_2、W_2 表示，分别称为 U 相、V 相、W 相，发电机的三根引出线分别以黄（U）、绿（V）、红（W）三种颜色作为标志。三个绕组在空间位置上彼此相隔 120°。

当转子在原动机带动下以角速度 ω 做逆时针匀速转动时，三相定子绕组依次切割磁感线，产生三个对称的正弦交流电动势，其解析式为

$$e_U = E_m\sin(\omega t + 0°)\ \text{V}$$
$$e_V = E_m\sin(\omega t - 120°)\ \text{V}$$
$$e_W = E_m\sin(\omega t + 120°)\ \text{V}$$

e_U，e_V，e_W 的波形图和相量图如图 3-4-4 所示。

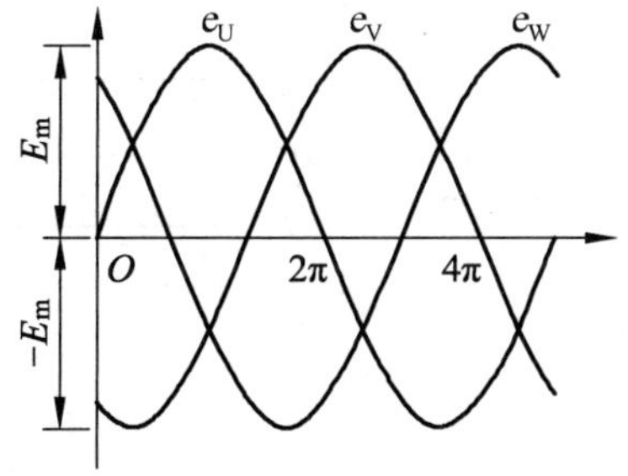

（a）

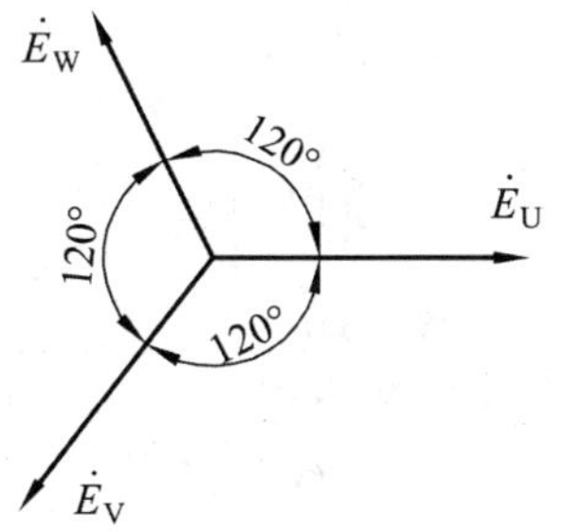

（b）

图 3-4-4　三相交流电波形图

三个交流电动势达到最大值（或零）的先后次序称为相序。如按 U→V→W→U 的次序循环称为正序；按 U→W→V→U 的次序循环则称为负序。而且规定每相电动势的正方向是从线圈的末端指向始端，即电流从始端流出时为正，反之为负。

三相异步电动机接入电源线时，必须使电源相序与电动机绕组相序相同，即电动机出线端 U_1、V_1、W_1 分别与电源 L1（黄）、L2（绿）、L3（红）相线连接，这样才能保证电动机旋转方向正确。如果按负序连接，则电动机旋转方向相反。

二、三相四线制

上述发电机的每个线圈各接上一个负载，就得到三个独立的单相电路，如图 3-4-5 所示。这样要用六根导线，很不经济。

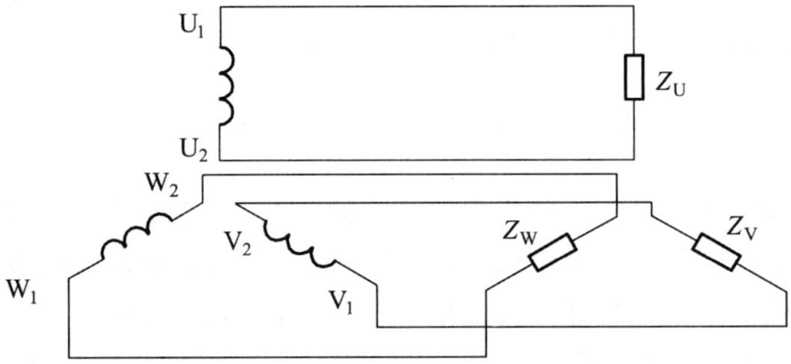

图 3-4-5 三相六线制电路

目前在低压供电系统中多采用三相四线制供电，如图 3-4-6 所示。三相四线制的接法是把发电机三个线圈的末端连接在一起，成为一个公共端点（称为中性点，用符号“N”表示）。从中性点引出的输电线称为中性线，简称中线。中线通常与大地相接，并把接线的中性点称为零点，接地的中性线称为零线。零线或中线所用导线一般用蓝色表示（旧标准中常用黑色）。从三个线圈始端引出的输电线称为端线或相线，俗称火线。有时为了简便，常不画发电机的线圈连接方式，只画四根输电线表示相序，如图 3-4-6 所示。

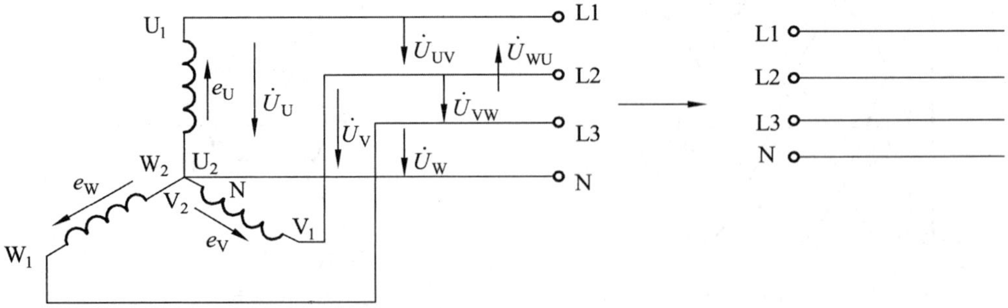

图 3-4-6 三相四线制电路

三相四线制供电可输送两种电压，一种是端线与端线之间的电压，称线电压，分别用$\dot{U}_{UV}$、$\dot{U}_{VW}$、$\dot{U}_{WU}$表示；另一端是端线与中线之间的电压，称相电压，分别用$\dot{U}_{U}$、$\dot{U}_{V}$、$\dot{U}_{W}$表示。

线电压与相电压之间的关系为

$$\dot{U}_{UV}=\dot{U}_{U}-\dot{U}_{V}$$
$$\dot{U}_{VW}=\dot{U}_{V}-\dot{U}_{W}$$
$$\dot{U}_{WU}=\dot{U}_{W}-\dot{U}_{U}$$

其相量图如图 3-4-7 所示，可见三个线电压也是对称三相电压，其有效值为

$$U_{线}=\sqrt{3}U_{相}$$

由如图 3-4-7 可以看出，线电压总是超前于对应的相电压 30°。

发电机（或变压器）的绕组采用三相四线制供电，可以提供两种对称三相电压，一种是对称的相电压，另一种是对称的线电压。目前电力电网的低压供电系统中的线电压为 380 V，相电压为 220 V，常写作电源电压 380/220 V。

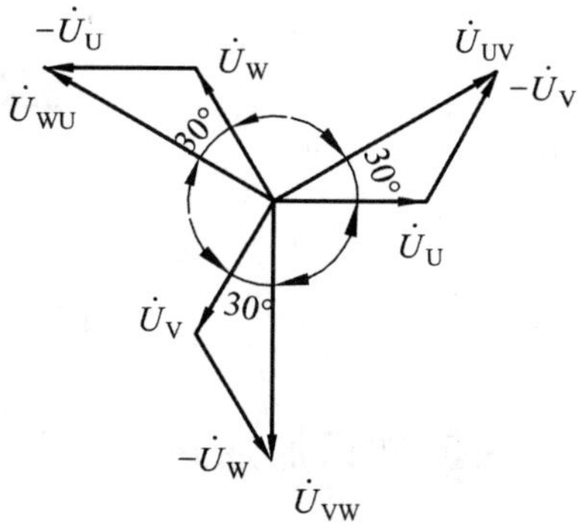

图 3-4-7　三相四线制线电压与相电压的相量图

知识拓展

三相交流电在日常生活中的应用

在日常生活中，多使用单相电源，也称为照明电。当采用照明电供电时，使用三相电其中的一相对用电设备供电，例如家用电器，而另外一根线是三相四线之中的第四根线，也就是其中的零线，该零线从三相电的中性点引出。日常生活中使用的电插头主要有两种，两相插头和三相插头。当用电设备采用两相插头电源时，左边插头所接的是三相电中的一相电，也称作火线，而右边的插头所接的是零线。当采用三相插头时，下面的两个插头和两相插头所接的线是一样的，上面中间的插头接的是地线，也称作大地。为了保证供电网的平衡，通常一幢大楼中所使用的照明电，同时使用三相电源供电，例如，1 楼、2 楼使用三相电中的第一相，3 楼、4 楼使用三相电中的第二相，5 楼、6 楼使用其中的第三相，而零线和地线是公用的。

任务反馈

（1）三相交流电源是三个__________、__________而__________的单相交流电源按一定方式的组合。

（2）三相交流电的表示方法有__________、__________、__________。

（3）什么是三相四线制？

3.4.2　三相负载的连接方式

任务导航

如图 3-4-8 是一台三相异步电动机，你知道三相异步电动机的接线方式么？又如何把其接到三相四线制供电系统中去呢？

图 3-4-8　三相异步电动机及接线盒

知识加油站

一、三相负载的星形接

如图 3-4-9 所示，假设三相负载均为阻抗，用 Z_A、Z_B、Z_C 表示，用四根导线将电源和负载连接起来的三相电路称为三相四线制。

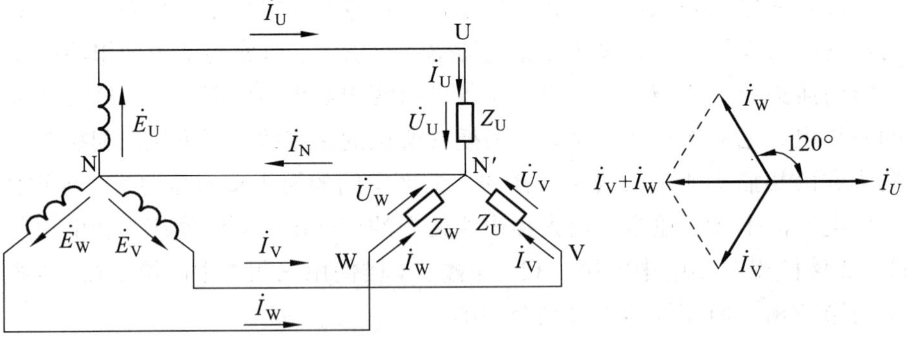

图 3-4-9　三相负载的星形连接及电流相量图

三相电路中，流经每根相线的电流称为线电流，而流过各相负载的电流称为相电流。各负载相等并接成星形时，线电流等于相电流。在三相四线制中，流过中线的电流为

$$\dot{I}_N=\dot{I}_U+\dot{I}_V+\dot{I}_W$$

在星形连接的三相电路中，如果三相电流对称，则中线电流为零，如果三相电流不对称，则中线就有电流流过。如果三相电流接近对称，中线电流很小，所以有时便省去

中线，这种用三根导线把电源和负载相连的电路叫三线三相制。

负载两端的电压称为负载的相电压。当三相负载作星形连接时，如果忽略输电线上的电压降，负载的相电压就等于电源的相电压，电源的线电压为负载相电压的 $\sqrt{3}$ 倍，即

$$U_{线}=\sqrt{3}U_{Y相}$$

式中　$U_{Y相}$——负载星形连接的相电压。

二、三相负载的三角形连接

把三相负载分别接在三相电源每两根相线之间的接法称为三相负载的三角形连接，如图 3-4-10 所示。在三角形连接中，由于各相负载是接在两根相线之间，因此不论负载是否对称，各相负载的相电压均与电源的线电压相等，即

$$U_{\triangle相}=U_{线}$$

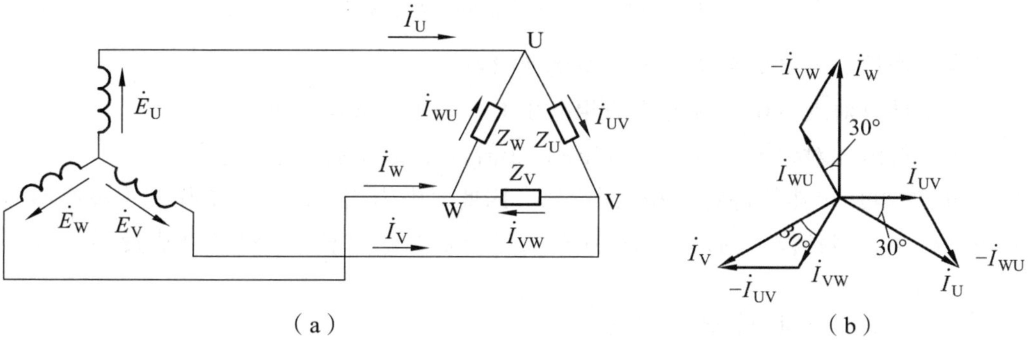

图 3-4-10　三相负载的三角形连接及电流相量图

图 3-4-10 中所标 $\dot{I}_U$、$\dot{I}_V$、$\dot{I}_W$ 为线电流，$\dot{I}_{WU}$、$\dot{I}_{UV}$、$\dot{I}_{VW}$ 为相电流。图 3-4-11 中的相量图是以 $\dot{I}_{UV}$ 的初相位为零作出的相量图。从相量图可求得三个相电流和三个线电流都是数值相等且相位互差 120°的三相对称电流。线电流和相电流的关系为

$$I_{\triangle线}=\sqrt{3}I_{\triangle相}$$

从图 3-4-10 中可以看出，线电流总是滞后于相应的相电流 30°。

三、中性点位移

中性点不接地系统或经电阻、消弧线圈接地系统正常运行时，中性点对地电压 $\dot{U}_0=\dot{U}_a+\dot{U}_b+\dot{U}_c=0$。但当中性点不接地系统或经电阻、消弧线圈接地系统连接的负载不对称时，就会出现对地电压，这种现象就是中性点位移。

特例，如图 3-4-11 所示，中性点不接地系统发生 A 相金属性接地时，此时，故障

点 A 相对地电压变为 0，即 $\dot{U}_a = 0$，中性点对地电压 $\dot{U}_0 = -\dot{U}_a$，而 B、C 相对地电压相应为

$$\dot{U}_{ab} = \dot{U}_b + \dot{U}_0 = \dot{U}_b - \dot{U}_a = 2\dot{U}_b \cos 30° = \sqrt{3}\dot{U}_b$$

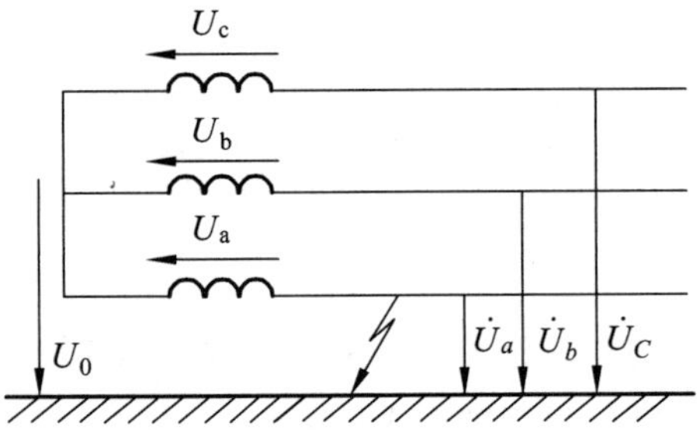

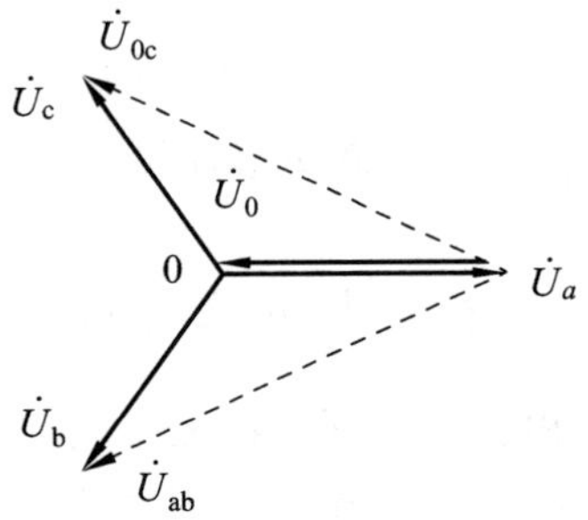

图 3-4-11　中性点不接地系统

$$\dot{U}_{0c} = \dot{U}_c + \dot{U}_0 = \dot{U}_c - \dot{U}_a = 2\dot{U}_c \cos 30° = \sqrt{3}\dot{U}_c$$

可见，中性点不接地系统发生单相接地时：

（1）中性点对地电压与接地相的相电压大小相等，方向相反。

（2）非接地相对地电压变为相电压的 $\sqrt{3}$ 倍，接地相对地电压变为零。

（3）各线电压仍然保持对称和大小不变，因此对电力用户的继续工作基本没有影响，这是主要优点；但各设备的绝缘水平应按线电压来设计，增加了设备制造费用。

四、三相交流电路中的功率

三相对称交流电路中的功率计算三相对称交流电路中视在功率

$$S = S_A + S_B + S_C = U_A I_A + U_B I_C + U_C I_C = 3U_F I_F$$

（1）如果负载是星形连接，$S = 3 \times \frac{1}{\sqrt{3}} U_{线} I_{线} = \sqrt{3} U_{线} I_{线}$

（2）如果负载是三角形连接，$S = 3U_{线} \times \frac{1}{\sqrt{3}} I_{线} = \sqrt{3} U_{线} I_{线}$

所以在三相对称交流电路中，无论负载是哪种连接方式，负载的视在功率都是 $\sqrt{3} U_{线} I_{线}$。

三相对称交流电路中的有功功率是

$$P = S\cos\varphi = \sqrt{3} U_{线} I_{线} \cos\varphi$$

三相对称交流电路中的无功功率

$$P = S\sin\varphi = \sqrt{3} U_{线} I_{线} \sin\varphi$$

知识拓展

三相电源或三相负载连接成星形时出现的一个公共点。当三相星形连接负载的中性点 N 与供电系统的中线连在一起时，中性点 N 的电位因受到电源的直接约束而与电源的中性点 n 的电位基本相同。但若三相星形连接负载的中性点 N 不与供电系统的中线相连，此时若负载不对称，便会出现所谓中性点位移现象。中性点位移是指在位形图上中性点 N 和中性点 n 不再重合，实际上是表明二者的电位不同，出现了电（此时选中性点 n 的电位为零）。

三相三线制的不对称电路中的电源可以是星形连接，也可以是三角形连接，但二者可以等效互换。为了分析方便，多选用星形连接的三相电源。取电源中性点 n 为参考节点，用节点电压法可求出负载中性点 N 的电位式中 U_a、U_b、U_c 是电源的相电压，Z_a、Z_b、Z_c 分别是负载 A 相、B 相和 C 相的复数阻抗。由此，又可求出负载的各相电压，各相负载电流则为由于负载中性点电压 U_x 不为零，造成了三相负载电压不对称，有的相会远远低于电源相电中性点压，有的却又大大超过电源相电压，结果造成各相负载难以正常运行。为了避免这种现象出现，在实际的低压配电系统中都加有中线，并且规定在中线上不得串接熔断器和开关，甚至还要用机械强度较高的导线作为中线。

保护接地和保护接零

日常生活和生产实践中，各种电气设备，如电冰箱、洗衣机、电动机、发电机、变压器等的金属外壳在正常情况下是不带电的，但有时带电部分因绝缘损坏而出现对地电压，这样人们接触带电体时就会发生触电事故。为此，常采用保护接地和保护接零的方法来确保人身安全。

保护接地：所谓保护接地是指用电设备不带电金属部分与大地之间作良好的金属连接。在电源中性点不接地系统中，用电设备如电机、变压器、配电柜等金属框架等均应采用保护接地措施。

保护接零：所谓保护接零是指用电设备不带电金属部分与零线做良好的金属连接。零线定义是：在三相四线制供电系统中，中性点接地时，该点称为零点。由零点引出的导线为零线。而不接地的中点所引出的导线称中线。

一般在电源中点接地的低压三相供电系统中，用电设备采用保护接零线。当用电设备一相绕组绝缘损坏而碰壳时，该相可通过机壳和中线形成单相短路，产生很大的短路电流，使三相电路中的自动开关或熔断器迅速动作切断电源，确保人身安全。

任务反馈

（1）何谓三相负载星形接法？

（2）中线上不可以安装什么元件?
（3）何谓三相负载三角形接法?
（4）三相负载三角形连接的相电压与线电压的关系是什么?
（5）三相交流电路的视在功率如何计算?
（6）三相交流电路有功功率如何计算?
（7）三相交流电路无功功率如何计算?
（8）保护接零和保护接地有什么作用?

任务 3.5　变压器的探究

知识与技能

（1）掌握变压器的作用。
（2）掌握变压器的结构组成。
（3）了解变压器的工作原理。

3.5.1　变压器

任务导航

（1）如图 3-5-1 所示，在开关 SA 闭合或断开瞬间以及改变 R_P 的阻值时，检流计的指针都会发生偏转。你知道这是为什么吗?

这是因为，当线圈 A 中的电流发生变化时，通过线圈的磁通也发生变化，该磁通的变化必然又影响线圈 B，使线圈 B 中产生感应电动势和感应电流。

（2）你知道图 3-5-2 是什么器件吗？它在电路中起什么作用?

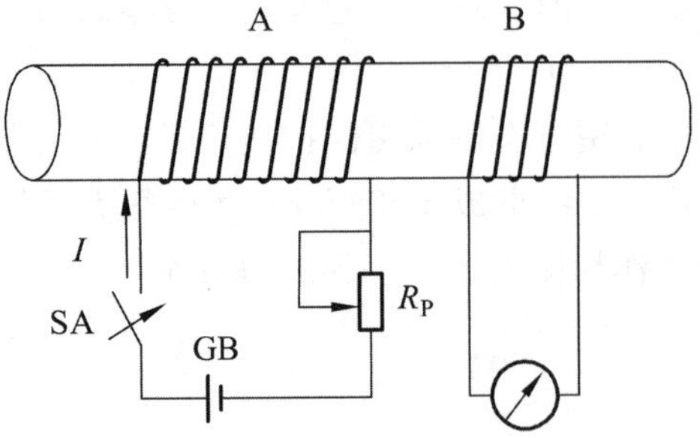

图 3-5-1　互感电路

图 3-5-2　变压器实物

知识加油站

一、变压器的作用

车间里照明灯使用的是 220 V 交流电压，机床上照明灯使用的是 36 V 安全电压。这 36 V 电压是从哪里得到的呢？实际上只要用一只降压变压器就可以很方便地将 220 V 电压变为 36 V 电压。

变压器的主要功能是改变交流电压的大小，从生产和生活中还能举出许多应用变压器的实例。例如，远距离输电需要几十万伏甚至百万伏的电压，手机充电器、自行车充电器的输出电压只有几伏或几十伏，电视机显像管需要 10 kV 以上的高压，如图 3-5-3 所示。这些大小不同的电压都要通过变压器的变换才能得到。

图 3-5-3　变压器的应用

变压器除了能变换交流电压的大小外，还可以起到改变电流、变换阻抗等作用。

二、变压器的结构

变压器的主要组成部分是绕组（线圈）和铁心，如图 3-5-4 所示。

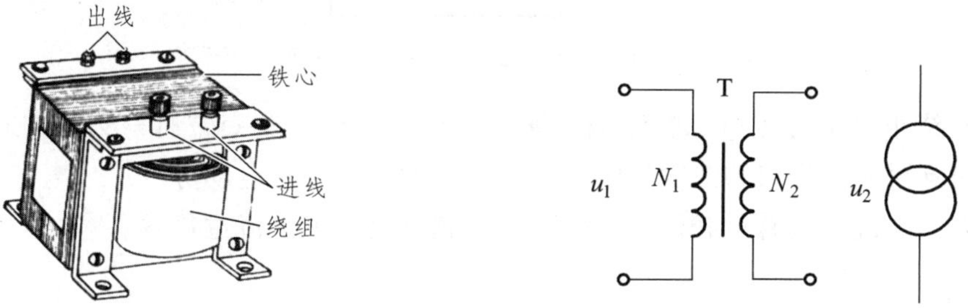

（a）变压器基本结构　　（b）变压器符号

图 3-5-4　变压器的基本结构和符号

绕组是变压器的电路部分，由绝缘良好的漆包线和纱包线绕制而成。为了便于绝缘，通常将低压线圈安装在靠近铁心的内层，高压线圈安装在外层。工作时和电源相连的绕组称为一次绕组（原线圈、初级绕组），与负载相连的线圈称为二次绕组（副线圈、次级绕组）。

铁心帮助两侧绕组利用互感现象实现变压，同时也是变压器的骨架，通常由导磁性能较好又互相绝缘的薄硅钢片叠合而成。

根据绕组和铁心的安装位置不同，可分为心式和壳式两种，如图 3-5-5 所示。

变压器工作时，铁心和绕组都会发热，必须采取冷却措施。小容量变压器采用空气冷却方式，大容量变压器采用油浸自冷、油浸风冷或强迫油循环风冷等方式。变压器油除了冷却作用外，还能增强变压器内部的绝缘性能。

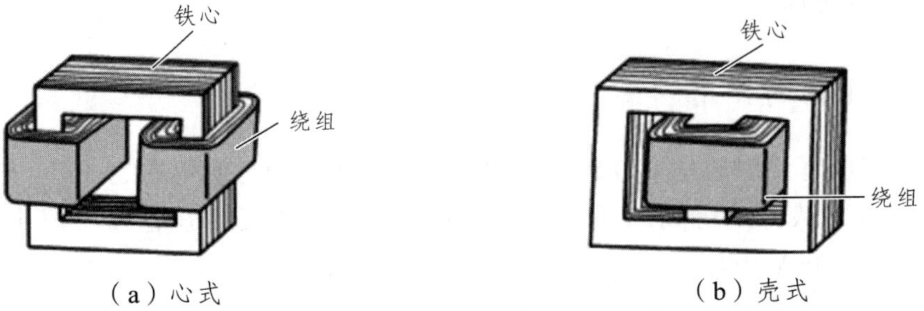

图 3-5-5　心式和壳式变压器

三、变压器的工作原理

图 3-5-6 所示是单相变压器的原理图。

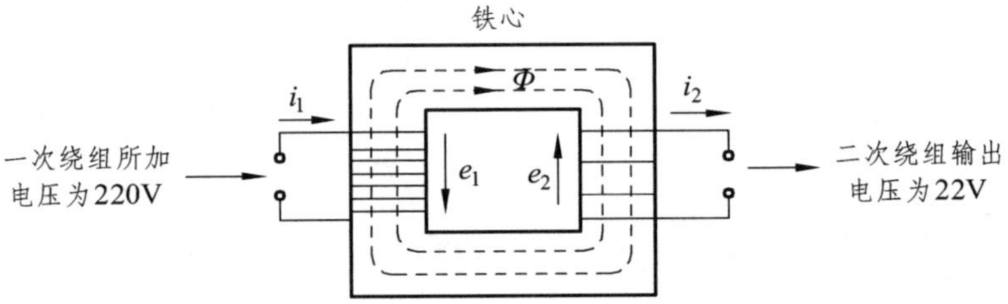

图 3-5-6　单相变压器原理图

一次绕组接上交流电源交流电流通过→铁心中产生交变磁通→交变磁通在闭合磁路中同时穿过一次绕组和二次绕组→二次绕组中产生互感电动势。

如果二次绕组接有负载构成闭合回路，就有感应电流流过负载。

1. 变压原理

设一次绕组和二次绕组的匝数分别为 N_1 和 N_2。如果忽略漏磁通，可以认为穿过一次绕组和二次绕组的主磁通相同，所以这两个绕组每匝所产生的感应电动势也相等。若主磁通的变化率为 $\frac{\Delta\phi}{\Delta t}$，则由电磁感应定律可得

$$e_1 = N_1\frac{\Delta\phi}{\Delta t}$$

$$e_2 = N_2\frac{\Delta\phi}{\Delta t}$$

经数学推导可以得到它们的有效值分别为

$$E_1 = 4.44fN_1\Phi_m$$
$$E_2 = 4.44fN_2\Phi_m$$

式中，f为电源频率；Φ_m为交变磁通幅值。

一次绕组与电源相接，如果将绕组电阻忽略不计，感应电动势 E_1 与加在绕组两端的电压 U_1 近似相等，即 $U_1 = E_1$。二次绕组相当于一个电源，如果也将绕组电阻忽略不计，则有 $U_2 = E_2$。由此可得

$$\frac{U_1}{U_2} = \frac{E_1}{E_2} = \frac{N_1}{N_2}$$

这种忽略绕组电阻和各种电磁能量损耗的变压器称为理想变压器。

上式表明，理想变压器一次、二次绕组端电压之比等于绕组的匝数比，匝数比又称变比。

当 $N_1>N_2$ 时，$U_1>U_2$，变压器使电压降低，这种变压器称为降压变压器。

当 $N_1<N_2$ 时，$U_1<U_2$，变压器使电压升高，这种变压器称为升压变压器。

若 $N_2 = N_1$，则 $U_2 = U_1$，变压器变比为 1，虽然这种变压器并不改变电压，但它可以将用电器与电网隔离开来，所以称为隔离变压器。例如在检修彩色电视机时，为了避免操作不当而损坏机器或发生触电事故，就要在电视机电源输入端加隔离变压器，在自动控制系统中，为了抑制来自电网的干扰，也常在电源输入端加隔离变压器。

2. 变流原理

变压器在工作中，无论变换后的电压是升高还是降低，电能都不会增加。根据能量守恒定律，理想变压器的输出功率 P_2 应与变压器从电源中获得的功率 P_1 相等。当变压器只有一个二次绕组时，应有 $I_1U_1 = I_2U_2$，因而得到

$$\frac{I_1}{I_2} = \frac{U_2}{U_1} = \frac{N_2}{N_1}$$

上式表明，变压器工作时，一次、二次绕组中的电流跟匝数成反比。

3. 变换阻抗原理

如图 3-5-7 所示，把带负载的变压器（图中阴影部分）看成是一个新的负载，并用 R'_L 表示。忽略变压器的损耗，应有

$$I_1^2 R'_L = I_2^2 R_L$$

又因为

$$\frac{I_1}{I_2} = \frac{U_1}{U_2} = \frac{N_2}{N_1}$$

所以有

$$R'_L = \left(\frac{N_1}{N_2}\right)^2 R_L$$

上式表明，在变压器二次侧接上负载 R_L，就相当于在电源上直接接上一个

$R'_L = \left(\dfrac{N_1}{N_2}\right)^2 R_L$ 的负载。也就是说，R'_L 是 R_L 在变压器一次侧中的交流等效电阻。

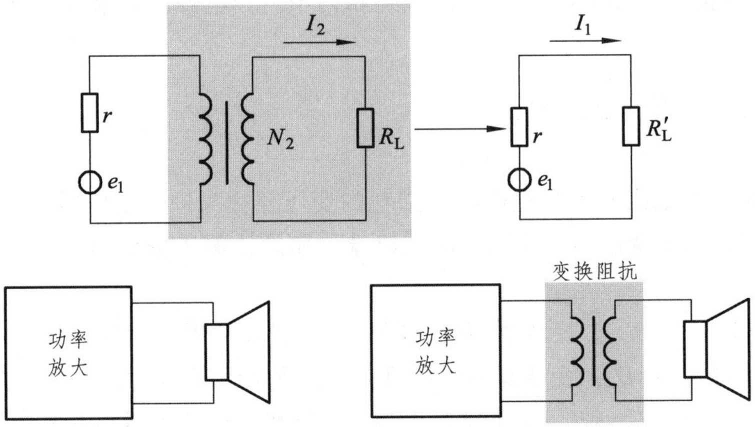

图 3-5-7　变压器的变换阻抗原理

变压器的变换阻抗特性常用于电子电路中的阻抗匹配，使负载获得最大功率。例如教室里的扬声器，其阻抗只有几欧或十几欧，而广播室的放大器要求负载的阻抗值一般为几千欧，这就需要通过变压器连接负载，以获得放大器所要求的阻抗值，实现阻抗匹配，达到理想的播音效果。

知识扩展

一、变压器冷却方式

油浸式电力变压器的冷却系统包括两部分：内部冷却系统，它保证绕组、铁心的热散入油中；外部冷却系统，保证油中的热散到变压器外。

按油浸变压器的冷却方式，冷却系统可分为：油浸自冷式、油浸风冷式、强迫油循环风冷式、强迫油循环水冷式等。

（1）油浸自冷式。油浸自冷式冷却系统没有特殊的冷却设备，油在变压器内自然循环，铁心和绕组所发出的热量依靠油的对流作用传至油箱壁或散热器。这种冷却系统的外部结构又与变压器容量有关，容量很小的变压器采用结构最简单的、具有平滑表面的油箱；容量稍大的变压器采用具有散热管的油箱，即在油箱周围焊有许多与油箱连通的油管（散热管）；容量更大些的变压器，为了增大油箱的冷却表面，则在油箱外加装若干散热器，散热器就是具有上、下联箱的一组散热管，散热器通过法兰与油箱连接，是可拆部件。

变压器运行时，油箱内的油因铁心和绕组发热而受热，热油会上升至油箱顶部，然后从散热管的上端入口进入散热管内，散热管的外表面与外界冷空气相接触，使油得到冷却。冷油在散热管内下降，由管的下端再流入变压器油箱下部，自动进行油流循环，使变压器铁心和绕组得到有效冷却。油浸自冷式冷却系统结构简单、可靠性高，广泛用于容量小于 10 000 kVA 以下的变压。

（2）油浸风冷式。油浸风冷式冷却系统，也称油自然循环、强制风冷式冷却系统。它是在变压器油箱的各个散热器旁安装一个至几个风扇，把空气的自然对流作用改变为强制对流作用，以增强散热器的散热能力。它与自冷式系统相比，冷却效果可提高 150% 至 200%，相当于变压器输出能力提高 20% ~ 40%。为了提高运行效率。当负载较小时，可停止风扇而使变压器以自冷方式运行；当负载超过某一规定值，例如 70%额定负载时，可使风扇自动投入运行。这种冷却方式广泛应用于 10 000 kVA 以上的中等容量的变压器。

（3）强迫油循环风冷式。强迫油循环风冷式冷却系统用于大容量变压器。这种冷却系统是在油浸风冷式的基础上，在油箱主壳体与带风扇的散热器（也称冷却器）的连接管道上装有潜油泵。油泵运转时，强制油箱体内的油从上部吸入散热器，再从变压器的下部进入油箱休内，实现强迫油循环。冷却的效果与油的循环速度有关。其油泵装在冷却器下部，泵送油从上至下通过冷却器（带风扇的散热器）。在油泵附近管路上装有流量指示器，用于监视油泵的运转情况，它装在冷却器的下部位置是为了便以观察。油泵与油浸电动机是整体制造在一个全封闭金属壳内的，因此油永远不会从轴或其他零件中漏出。装在冷却器与油泵之间的流量指示器，其外壳内的叶片转动是利用磁耦合器传输给外部指针，以指示油流的流量和方向。为了增强散热器（冷却器）的散热能力，在散热管外焊有许多散热片，并在每根散热管的内部有专门机加工的内肋片。每个冷却装置上安装有多台风扇，冷却风扇固定在冷却风扇箱中，它们将风扇箱内散热器附近的高温空气抽出。

壳式变压器有两个并联的磁路，铁心水平布置，狭窄的铁心上未设置冷却油道。在这种变压器中，绕组线圈（线盘）间距较大，构成较大的垂直方向的油流通道，泵送的油在油箱内主要通过绕组线圈，因而冷却效率高。

（4）强迫油循环水冷式。强迫油循环水冷式冷却系统由潜油泵冷油器、油管道、冷却水管道等组成。工作时，变压器上部的热油被油泵吸入后增压，迫使油通过冷油器再进入油箱底部，实现强迫油循环。油通过冷却器时，利用冷却水冷却油。因此，在这种冷却系统中，铁心和绕组的热先传给油，油中的热又传给冷却水。

二、通过变压器的声音判断其运行状况

变压器是电力系统中的主要设备，一旦变压器故障将对变压器本身及电力系统造成极大的危害。通过变压器在正常运行或出现故障时发出的不同声音，我们能对变压器的运行状况有一个更加深刻的认识，促进对变压器的安全管理。

（1）“嗡嗡”声是正常的声响。当变压器带电后，电流通过铁心产生交变磁通，就会发出“嗡嗡”的均匀电磁声，音响的强弱正比于负荷电流的大小。

（2）“嗡嗡”声响减弱，从变压器内发出音响较小的“嗡嗡”均匀电磁声。变压器停运后送电或新安装竣工后投产验收送电，往往发现电压不正常，这是高压瓷套管引线较细，又由于经过长途运输、搬运不当造成运行发热断线。当变压器带电后，电流通过铁心产生的交变磁通大为减弱，故声音较小。

（3）高且沉重的“嗡嗡”声。受个别大功率电器设备的起动电流冲击，或者变压器过负荷严重时。

（4）“噼啪”的清脆击铁声。这是高压瓷套管引线，通过空气对变压器外壳的放电声，是变压器油箱上部缺油所致。

（5）沉闷的“噼啪”声。这是高压引线通过变压器油对外壳放电，属对地距离不够或绝缘油中含有水分。是变压器绝缘油的绝缘强度降低、油质急剧恶化的表现，可能酿成重大设备事故隐患。因此，不能掉以轻心。

（6）“吱啦吱啦”的如磁铁吸动小垫片的响声，而变压器的监视装置、电压表、电流表、温度计的指示值均属正常。常常出现于新组装或吊心检修后的变压器，由于检修时的疏忽大意，没将螺钉或铁垫上紧或掉入小号铁质部件，在电磁力作用下所致。

（7）似蛙鸣的“唧哇唧哇”声。在导线的连接处或 T 接处发生断线、松动，导致氧化、过热，在刮风时时接时断，接触时发生弧光或火花，，但声响不均，时强时弱，系经导线传递至变压器内发出之声。

（8）“嘶嘶”或“哧哧”的响声。变压器的高压套管脏污，表面釉质脱落或裂损时，会发生表面闪络。晚上可以看到火花。

（9）“吱吱”声。当分接开关调压之后，响声加重，属有载调触头接触不良，系触头有污垢而引起的。

（10）特殊噪声。变压器绝缘油内杂质，堆积在部分轭铁上，从而在电磁力的作用下产生振动，发出特殊噪声。这还会导致变压器运行中绝缘油机械杂质增多，使油质恶化。

（11）“哔剥哔剥”轻微放电声。变压器的铁心接地，一般采用吊环与油盖焊死或用铁垫脚方法。当脱焊或接触面有油垢时，导致连接处接触不良，而铁心及其夹件金属均处在线圈的电场中，从而感应出一定电位，在高压测试或投入运行时，其感应电位差超过其间的放电电压时，即会产生断续放电声。

（12）“虎啸”声。当变压器的中、低侧压线路短路时，会导致短路电流突然激增而造成这种“虎啸”声。

（13）变压器的音响中会夹杂有“噼啪噼啪”声。这是由于绝缘油中含水分过高，导致对地放电。

（14）“咕嘟咕嘟”的像烧开水的沸腾声。变压器线圈发生层间或匝间短路，短路电流骤增，或铁心产生强热，导致起火燃烧，致使绝缘物被烧坏，产生喷油，冒烟起火。另外，可能是分接开关因接触不良而局部点有严重过热所致。

由于使变压器发生的各种异常声音的因素较多，产生的故障部位也不尽相同，只有不断地积累变压器的运行经验，增强观察力，才能作出准确判断，确保变压器安全、稳定运行。

任务反馈

（1）变压器由几部分组成？

（2）变压器的用途是什么？

（3）理想变压器原、副线圈匝数比为 10∶1，以下说法中正确的是（　　）。

A. 穿过原、副线圈每一匝磁通量之比是 10∶1

B. 穿过原、副线圈每一匝磁通量的变化率相等

C. 原、副线圈每一匝产生的电动势瞬时值之比为 10∶1

D. 正常工作时原、副线圈的输入、输出功率之比

（4）对理想变压器可做出的判断是（　　）。

A. 高压线圈匝数多、电流大、导线粗

B. 低压线圈匝数少、电流小、导线细

C. 高压线圈匝数多、电流大、导线细

D. 低压线圈匝数少、电流大、导线粗

知识接力

一、填空题

1. 正弦交流电的_____是指在任意瞬间交流电所对应的值，可用符号_____、_____、_____表示。

2. 正弦交流电流是指电流的_____和_____均按_____变化的电流。

3. 交流电的周期是指_____，用符号_____表示，其单位为_____；交流电的频率是指_____，用符号_____表示，其单位为_____，周期与频率的关系是_____。

4. 我国动力和照明用电的标准频率为_____Hz，习惯上称为工频。其周期是_____s，角频率是_____rad/s。

5. 正弦交流电的三要素是_____、_____、_____。

6. 两个同频率的正弦量的相位之差称为_____。

7. 已知交流电流 $i = 10\sin(314t - 30°)$ A，电压 $u = 220\sin(314t + 60°)$ V，_____超前。

8. 正弦交流电的常用表示方法有_____、波形图和旋转向量法三种。

9. 用旋转向量表示正弦交流量时，其长度等于正弦交流量_____的值，旋转矢量与 x 轴正方向的夹角表示正弦量的初相位。

10. 在纯电阻正弦交流电路中，电流与电压的相位关系是_____，电压有效值与电流有效值的数量关系是_____。

11. 在纯电阻电路中，电流与电压的_____值、_____值、_____值都符合欧姆定律。

12. 电感对交流电的阻碍作用可以简单概括为_____，因此，电感元件也被称为_____元件。

13. 在纯电感正弦交流电路中，电流与电压的相位关系是 90°，电压有效值与电流有效值的数量关系是_____。

14. 感抗是表示电感对交流电的物理量，其计算公式是 $X_L = \omega L$，单位是_____。

15. 一个纯电感线圈若接在直流电源上，其感抗 X_L = _____Ω，电路相当于_____。

16. 纯电容电路中，电流的有效值与电压的有效值在空间的关系为_____，电流与电压在相位上的关系为_____。

17. _____称为容抗，容抗与频率成_____比。

18. 电容元件对交流电的阻碍作用可以简单地概括为：_____。因此，电容也被称为_____元件。

19. 在正弦交流电路中，元件上电压与电流相同；元件上电压在相位上超前电流 90°，元件上电压在相位上滞后电流 90°。

20. RL 串联正弦交流电路中，已知电流 $I = 5$ A，电阻 $R = 30\,\Omega$，感抗 $X_L = 40\,\Omega$，则电路的阻抗 Z = _________。

21. 有功功率与视在功率的比值称为___________。

22. 提高功率因数的方法有：_____，_____。

23. 电力电容器并联补偿常采用_____、_____、_____等多种不同的补偿方法。

24. 三相交流电是三个_____、_____、_____而的单相交流电源按一定方式的组合。

25. 由三根线和一根线所组成的供电线路，称为三相四线制电网。三相电动势达到最大值的先后次序称为_____。

26. 从三相电源始端引出的输电线称为_____或_____，俗称_____。通常用_____、_____和_____三种颜色导线表示；从中性点引出的输电线称为_____，简称_____，一般用_____色导线表示。

27. 三相四线制电网中，线电压是指_____，相电压是指_____，这两种电压的数值关系是_____，相位关系是_____。

28. 目前民用建筑在配电布线时，常采用_____相_____线制供电，设有两根零线，一根是_____零线，一根是_____零线。

29. 三相电路的三相负载可分为_____负载和_____负载；在三相电路中负载有_____和_____两种连接方式。

30. 把三相负载分别接在三相电源的_____线和_____线之间的接法称为三相负载的星形接法，常用符号_____表示；把三相负载分别接在三相电源的_____线和_____线之间的接法称为三相负载的三角形接法，常用符号_____表示。

31. 三相对称负载作星形连接时，$U_{Y相} = U_{Y线}$，且 $I_{Y相} = I_{Y线}$，此时中性线电流为__________。

32. 三相对称负载作三角形连接时，$U_{\triangle相} = U_{\triangle线}$，且 $I_{\triangle相} = I_{\triangle线}$，各线电流比相应的相电流_____。

33. 三相对称电源线电压 $U_L = 380$ V，对称负载每相阻抗 $Z = 10\ \Omega$，若接成星形，则线电流 $I_{线} =$ _____A；若接成三角形，则线电流 $I_{线} =$ _____A。

34. 对称三相负载不论是连成星形还是三角形，其总有功功率均为 $P =$ _____，无功功率 $Q =$ _____，视在功率 $S =$ _____。

35. 某对称三相负载，每相负载的额定电压为 220 V，当三相电源的线电压为 380 V 时，负载应作_____联结；当三相电源的线电压为 220 V 时，负载应作_____联结。

36. 变压器的主要作用有_____、_____、_____。

二、选择题

1. 交流电的周期越长，说明交流电变化得（　　）。

A. 越快　　B. 越慢　　C. 无法判断

2. 某一正弦交流电压的周期为 0.01 s，其频率为（　　）。

A. 60 Hz　　B. 50 Hz　　C. 100 Hz

3. 下列结论正确的是（　　）。

A. 初相与计时起点的选择无关　　B. 初相与计时起点的选择有关

C. 两正弦量的相位差与计时起点的选择有关

4. 正弦电流通过电阻元件时，下列关系式正确的是（　　）。

A. $I_m = \dfrac{U}{R}$　　B. $I = \dfrac{U}{R}$　　C. $i = \dfrac{U}{R}$

5. 在同一交流电压作用下，电感 L 变大，电感中的电流将（　　）。

A. 不变　　B. 变小　　C. 变大

6. 纯电感电路中，已知电流的初相位为 −60°，则电压的初相位为（　　）。

A. 30°　　B. 60°　　C. 90°

7. 在纯电阻电路中，下列各式正确的是（　　）。

A. $\cos\varphi=0$　　B. $Q=I_R U_R$　　C. $S=P$

8. 用交流电压表测得的交流电压是 220 V，则此交流电压的最大值是（　　）。

A. 220 V　　B. 311 V　　C. 380 V

9. 在纯电容正弦交流电路中，当电容一定时，则（　　）。

A. 频率 f 越高，容抗 X_C 越大　　B. 频率 f 越高，容抗 X_C 越小

C. 容抗 X_C 与频率 f 无关

10. 在纯电感正弦交流电路中，电源电动势有效值不变，当电源频率增加时，电路中电流将（　　）。

A. 增大　　B. 减小　　C. 不变

11. 在 R-L 串联正弦交流电路中，电阻上的电压为 6 V，电感上的电压为 8 V，则总电压为（　　）。

A. 14 V　　B. 10 V　　C. 2 V

12. 如题图 3-1 所示电路中，电流 I 等于（　　）。

A. 5 A　　B. 1 A　　C. 0

13. 白炽灯与线圈组成的电路如题图 3-2 所示，由交流电源供电，如果交流电的频率减小，则线圈的（　　）。

A. 电感增大　　B. 电感减小　　C. 感抗增大

14. 如题图 3-3 所示电路中，当电源的电压大小不变而频率降低时，电压表的读数将（　　）。

A. 增大　　B. 减小　　C. 不变

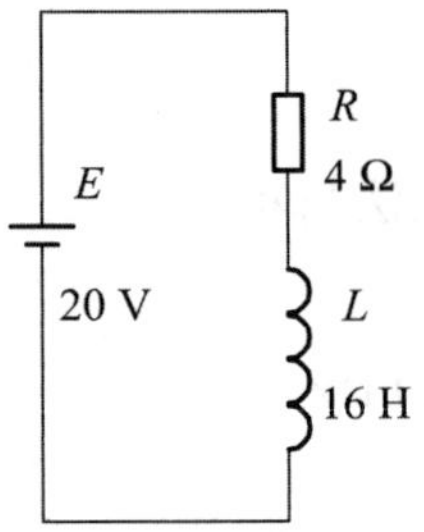

题图 3-1

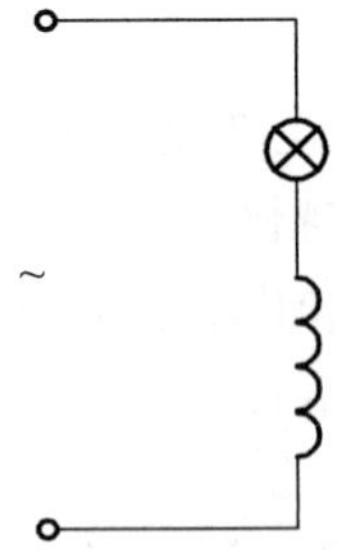

题图 3-2

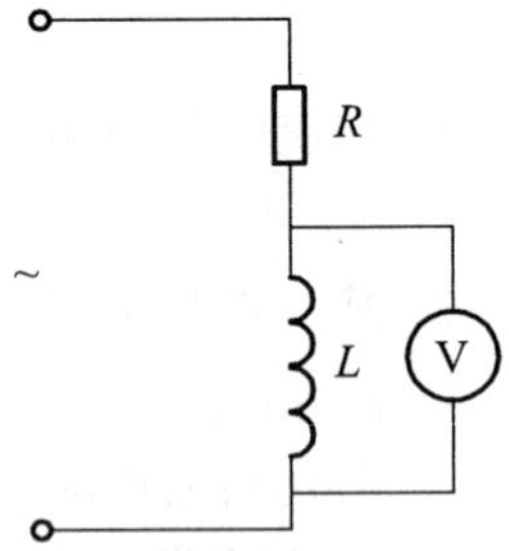

题图 3-3

15. 关于三相交流发电机的使用，下列说法正确的是（　　）。

A. 三相交流发电机发出的三相交流电，只能同时用于三相交变负载

B. 三相交流发电机可以当作 3 个单相交流发电机使用

C. 三相交流发电机必须是 3 根火线、1 根中性线向外输电，任何情况下都不能少一根输电线

16. 某三相对称电源相电压为 380 V，则其线电压的最大值为（　　）。

A. $380\sqrt{2}$ V　　　　B. $380\sqrt{3}$ V

C. $380\sqrt{6}$ V　　　　D. $\dfrac{380\sqrt{2}}{\sqrt{3}}$ V

17. 已知对称三相电压中，V 相电压为 $u_V = 220\sqrt{2}\sin(314t+\pi)$ V，则按正序 U 相和 W 相电压为（　　）。

A. $u_U = 220\sqrt{2}\sin\left(314t+\dfrac{\pi}{3}\right)$ V
$u_W = 220\sqrt{2}\sin\left(314t-\dfrac{\pi}{3}\right)$ V

B. $u_U = 220\sqrt{2}\sin\left(314t-\dfrac{\pi}{3}\right)$ V
$u_W = 220\sqrt{2}\sin\left(314t+\dfrac{\pi}{3}\right)$ V

C. $u_U = 220\sqrt{2}\sin\left(314t+\dfrac{2\pi}{3}\right)$ V
$u_W = 220\sqrt{2}\sin\left(314t-\dfrac{2\pi}{3}\right)$ V

18. 三相交流电相序 U—V—W—U 属于（　　）。

A. 正序　　　　B. 负序　　　　C. 零序

19. 在如题图 3-4 所示三相四线制电源中，用电压表测量电源线的电压以确定零线，测量结果 $U_{12}=380$ V，$U_{23}=220$ V，则（　　）。

A. 2 号为零线　　　　B. 3 号为零线　　　　C. 4 号为零线

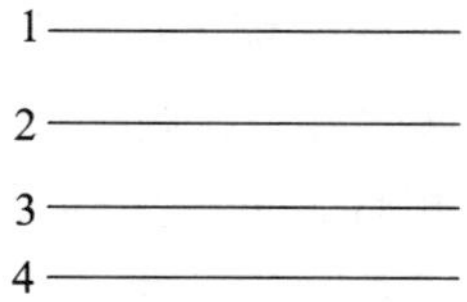

题图 3-4

20. 已知某三相发电机绕组连接成星形时电压 $u_U = 220\sqrt{2}\sin(314t+30°)$ V，$u_V = 220\sqrt{2}\sin(314t-90°)$ V，$u_W = 220\sqrt{2}\sin(314t-150°)$ V，则当 $t=10$ s 时，它们之和为（　　）。

A. 380 V　　　　B. 0 V

C. $380\sqrt{2}$ V　　　　D. $\dfrac{380\sqrt{2}}{\sqrt{3}}$ V

21. 三相电源星形连接，三相负载对称，则（　　）。

A. 三相负载三角形连接时，每相负载的电压等于电源线电压

B. 三相负载三角形连接时，每相负载的电流等于电源线电流

C. 三相负载星形连接时，每相负载的电压等于电源线电压

D. 三相负载星形连接时，每相负载的电流等于线电流的 $\dfrac{1}{\sqrt{3}}$

22. 三相交流发电机接成星形，负载接成三角形，若负载相电压为 380 V，则(　　)。

A. 发电机相电压为 380 V　　B. 发电机线电压为 380 V

C. 负载线电压为 220 V　　D. 负载相电压为 380 V

23. 同一三相对称负载接在同一电源中，作三角形连接时三相电路相电流、线电流、有功功率分别是作星形连接时的（　　）倍。

A. $\sqrt{3}$ 、$\sqrt{3}$ 、$\sqrt{3}$　　B. $\sqrt{3}$ 、$\sqrt{3}$ 、3

C. $\sqrt{3}$ 、3、$\sqrt{3}$　　D. $\sqrt{3}$ 、3、3

24. 如题图 3-5 所示，三相电源线电压为 380 V，$R_1 = R_2 = R_3 = 10\ \Omega$，则电压表和电流表的读数分别是（　　）。

A. 220 V、22 A　　B. 380 V、38 A　　C. 380 V、$38\sqrt{3}$ A

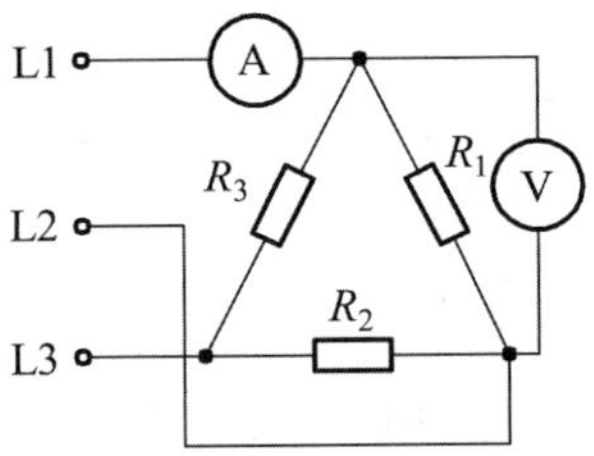

题图 3-5

三、判断题

1. 正弦交流电的三要素是指：有效值、频率和周期。（　　）
2. 按正弦规律变化的交流电叫正弦交流电。（　　）
3. 用交流电压表测得交流电压是 220 V，则此交流电的最大值是 220 V。（　　）
4. 一只额定电压为 220 V 的白炽灯，可以接到最大值为 311 V 的交流电源上。（　　）
5. 用交流电流表测得交流电的数值是平均值。（　　）
6. 相量法只适用于同频率正弦交流电的加减运算。（　　）
7. 在纯电阻正弦交流电路中，电流与电压的相位关系是电流超前电压 90°。（　　）
8. 在纯电感正弦交流电路中，电流与电压的相位关系是电流超前电压 90°。（　　）
9. 在纯电容正弦交流电路中，电流与电压的相位关系是电流超前电压 90°。（　　）
10. 电阻、电感、电容都是耗能元件。（　　）
11. 在同一交流电压下，电感 L 越大，电感中的电流越小。（　　）
12. 无功功率不是无用功率。“无功”的含义是“交换”而不是“消耗”，是相对于有功而言的。（　　）
13. 示波器不仅能观察交流电的波形，还能读出交流电的周期和最大值。（　　）
14. 对于三相交流电源，相电压一定小于线电压。（　　）
15. 当三相负载越接近对称时，中线电流越小。（　　）

16. 两根相线之间的电压叫作线电压。（　　）

17. 三相交流电源是由频率、有效值、相位都相同的三个单相交流电源按一定方式组合起来的。（　　）

18. 三相对称负载的相电流是指电源相线上的电流。（　　）

19. 三相交流电的相电流一定小于线电流。（　　）

20. 当三相负载越接近对称时，中线电流越大。（　　）

21. 在对称负载的三相交流电路中，中性线上的电流为零。（　　）

22. 三相对称负载连成三角形时，线电流的有效值是相电流有效值的 $\sqrt{3}$ 倍，且相位比相应的相电流超前 30°。（　　）

23. 一台三相电动机，每个绕组的额定电压是 220 V，现三相电源的线电压是 380 V，则这台电动机的绕组应连成三角形。（　　）

四、计算题

1. 有两个交流电，它们的电压瞬时值分别为：$u_1 = 20\sin\left(314t + \frac{\pi}{6}\right)\text{V}$、$u_2 = 537\sin\left(314t + \frac{\pi}{2}\right)\text{V}$，求它们的相位差，并指出它们的相位关系。

2. 如题图 3-6 所示是一个按正弦规律变化的交流电电流的波形图，试根据波形图指出它的周期、频率、角频率、初相、最大值、有效值，并写出解析式。

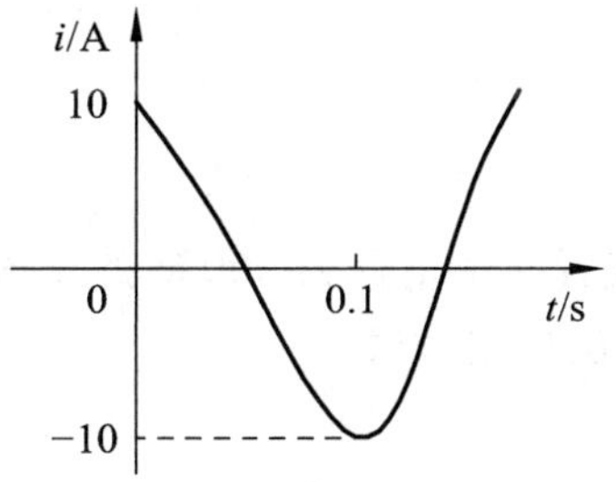

题图 3-6

3. 一个 220 V/25 W 的灯泡接在 $u = 220\sqrt{2}\sin(314t + 60°)$ V 的电源上，试求：（1）灯泡的工作电阻；（2）电流的瞬时值表达式；（3）电压、电流的相量图。

4. 有一个 $L = 0.5$ H 的电感线圈接在 $u = 220\sqrt{2}\sin(314t + 60°)$ V 的交流电源上，试求：（1）线圈的感抗；（2）电流的大小；（3）电路的无功功率；（4）电压、电流的相量图。

5. 已知某纯电容电路两端的电压为 $u = 200\sqrt{2}\sin 500t$ V，电容 $C = 10\ \mu F$，试求（1）流过电容的瞬时电流；（2）电路的无功功率；（3）电流、电压的相量图。

6. 和单相交流电相比，三相交流电有哪些优点？

7. 如果给你一个验电笔或者一个量程为 500 V 的交流电压表，你能确定三相四线制供电线路中的相线和中线吗？试说出方法。

8. 已知作星形连接的对称三相电源的电动势 $e_1 = 220\sqrt{2}\sin 314t$ V，试求：

（1）根据习惯相序写出 e_2、e_3 的解析式；

（2）作出 e_1、e_2、e_3 的相量图。

9. 在相电压为 220 V 的对称三相电路中，每相接“220 V，60 W”的灯泡 20 盏（自己考虑灯应接成星形还是三角形）。画出连接电路图并计算出各相电流和线电流。

10. 一个三相电炉，每相电阻为 100 Ω，接在相电压为 220 V 的三相交流电源上，试分别计算电炉接成星形和三角形的相电流和线电流。

11. 某三相三线制电路，电源线电压为 380 V，每相负载由电阻值为 15 Ω 的电阻和感抗为 20 Ω 的电感串联而成，试分别计算星形连接和三角形连接时的相电流、线电流以及负载的有功功率。

项目 4　直流稳压电源

大多数电子设备都需要稳定的直流电源供电，如放大电路中的集电极电源、漏极电源等。但市里电网供给的是交流电，这样，就存在一个怎么样将交流电变换为直流电的问题。项目四讨论小功率的直流电源，它一般由电源变压器、整流电路、滤波电路和稳压电路组成。

本项目本以学生分析、动手做实验来验证结论为主线以加强技能训练、培养学生与岗位对接的职业能力的宗旨，利用二极管的单向导电性特性来进一步学习二极管的应用，掌握整流电路滤波电路稳压电路的工作原理的同时也锻炼了学生的动手能力，激发学生的学习兴趣，带着问题进行交流电的学习。

我们通过认识二极管、掌握二极管的特性来学习和整流稳压电源，项目四分成两个大任务完成，在课程中，每个任务中根据内容特点采用“看一看”“测一测”“想一想”和“练一练”的方式，将知识点融于操作过程中，实现“做中学”和“学中做”，在认识和操作的过程中掌握理论知识，并在每个任务中明确学习目标及学习要点，以便于探究性学习的开展和实施。

任务 4.1　学习半导体、二极管的基本知识

知识与技能

（1）知道导体、绝缘体、半导体导电性能的差异及半导体的分类。

（2）掌握半导体的 PN 结及其单向导电性。

（3）了解半导体材料的发展对社会的影响。

（4）了解二极管的基本结构、分类、功能及用途。

（5）理解二极管的单向导电性并能判断具体电路中二极管的工作状态。

（6）熟悉二极管的伏安特性和主要参数。

（7）学会使用万用表测试二极管的极性及好坏。

4.1.1　半导体的相关知识点

任务导航

如图 4-1-1 所示，分别闭合开关 S_1 和 S_2，观察小灯泡的亮灭情况。

（1）当开关 S_1 闭合 S_2 断开时，小灯泡（亮、灭），而当开关 S_2 闭合 S_1 断开时小灯泡（亮、灭）。

（2）灯泡亮，说明二极管（导通、截止）。灯泡灭，说明二极管（导通、截止）。

（3）二极管是（有极性、无极性）的器件。

（4）二极管具有（单向、双向）导电特性。

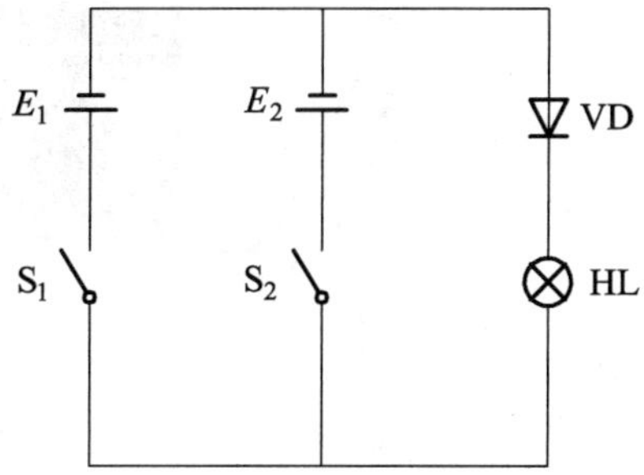

图 4-1-1　实验电路图

知识加油站

一、半导体的定义、分类、特性

1. 半导体的定义

导电能力介于导体和绝缘体之间的物质称为半导体，其电阻率在 $10^{-6} \sim 10^{-7}\ \Omega \cdot m$ 范围内。自然界中属于半导体的物质很多，如硅、锗、砷化镓、某些硫化物和氧化物等，但用来制造半导体器件的材料则以硅和锗最为普遍。

半导体除了在导电能力方面与导体和绝缘体不同之外，还具有导电能力受温度、杂质、光照等影响很大的特性。当半导体受到外界热或光的刺激时，其导电能力将发生显著变化；在纯净的半导体中掺入微量的杂质，其电阻率会显著减小。

2. 半导体的热敏特性

热敏特性，当温度升高时，大多数半导体的导电能力显著增强，当温度下降时，这些半导体的导电能力显著下降。利用半导体对温度十分敏感的特性，制成了工业自动化控制装置中常用的热敏电阻，实物如图 4-1-2 所示。利用热敏电阻可以测量出万分之一

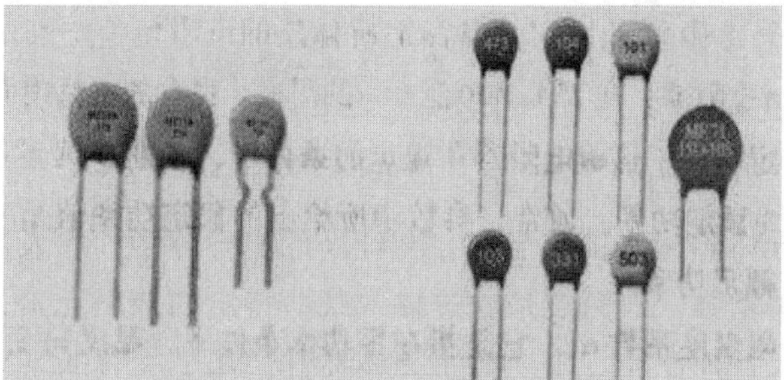
图 4-1-2　常见的热敏电阻

的温度变化，把热敏电阻装在设备的重要部位就能控制和测量出设备的温度，如图 4-1-3 所示。

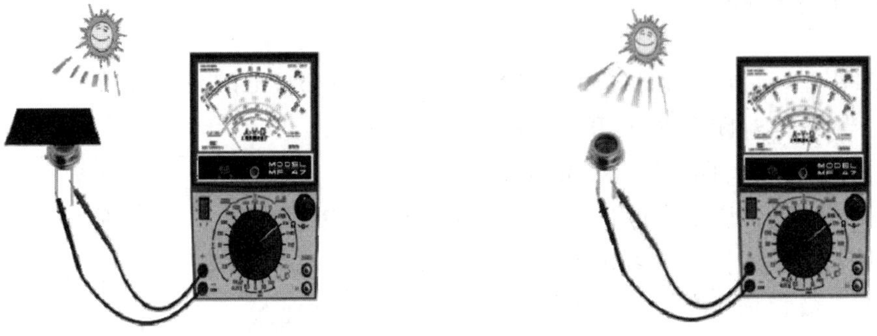

（a）遮光测试　　（b）光照测试

图 4-1-3　半导体的热敏测试

3. 半导体的光敏特性

当有光线照射在某些半导体上时，这些半导体就像导体一样，导电能力很强；当没有光线照射时，这些半导体就像绝缘体一样不导电，这种特性称为“光敏”特性，如图 4-1-4 所示，利用这一特性可制成光敏电阻、光电二极管、光电三极管及光电池等光电元器件。

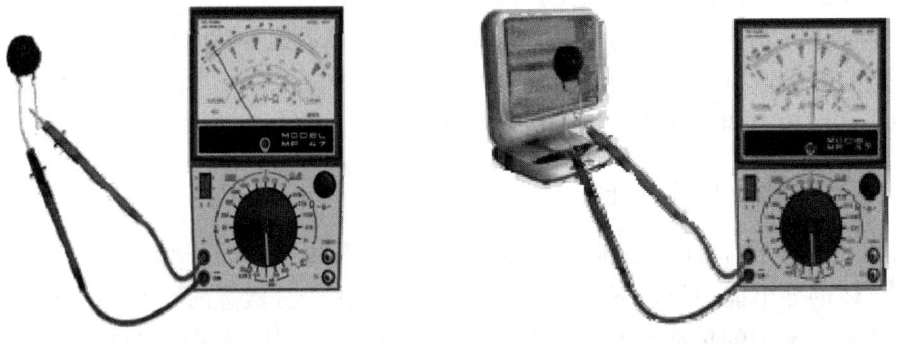

（a）不加温测试　　（b）加温测试

图 4-1-4　半导体的光敏测试

4. 半导体的掺杂特性

完全纯净的半导体称为本征半导体。在纯净的半导体中，掺入适量的杂质，会使半导体的导电能力显著增强。人们正是通过掺入某些特定的杂质元素，精确地控制半导体的导电能力，制造成各种性质、用途的半导体器件。几乎所有的半导体器件（如二极管和三极管、晶闸管等）都是采用掺有特定杂质的半导体制作的。

5. 杂质半导体的分类

按杂质半导体中掺入杂质性质的不同，它可分为电子型（N 型）半导体和空穴型（P 型）半导体两大类。

1）N 型半导体

N 型半导体（电子型半导体）：在硅（或锗）本征半导体中掺入微量的五价元素，如磷（或锑）等，它就成为 N 型半导体，其自由电子为多数载流子，而空穴称为少数载流子，它的导电性主要取决于电子数。

2）P 型半导体

P 型半导体（空穴型半导体）：在硅（或锗）本征半导体中掺入微量的三价元素，如硼（或铟）等，就成为 P 型半导体，其空穴是多子，而电子是少子，它的导电性主要取决于空穴数。

二、PN 结及其单向导电性

1. PN 结的形成

如图 4-1-5 所示为二极管的内部结构示意图。采用掺杂工艺，使硅或锗晶体的一边形成 P 型半导体区域，另一边形成 N 型半导体区域，在 P 型和 N 型半导体的交界面会形成一个具有特殊电性能的薄层，称为 PN 结。从 P 区引出的电极作为正极，从 N 区引出的电极作为负极。

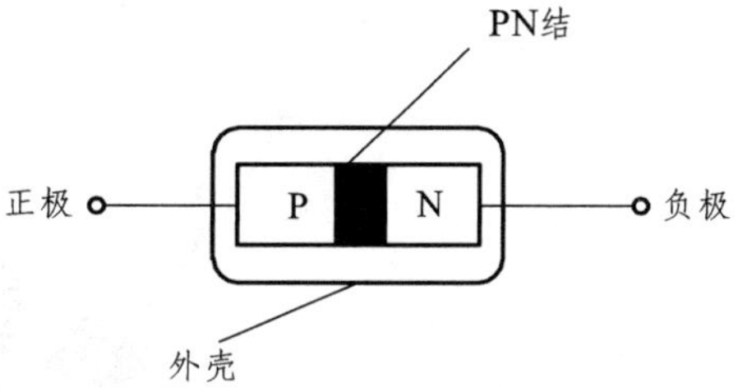

图 4-1-5　二极管内部结构

2. PN 结的单向导电性

（1）外加正向电压时，PN 结导通。

（2）外加反向电压时，PN 结截止。

知识扩展

目前，应用的最多的半导体是四价元素硅和锗，在纯净的半导体中掺入极微量的其他元素后所得到的半导体称为杂质半导体，其类型有 P 型半导体和 N 型半导体两种。掺杂过程是在高温炉中进行的，将特定元素和纯净半导体材料一起蒸发，这一过程受到严格控制。

（1）N 型半导体。在纯净半导体硅或锗中掺入适量的五价磷元素（或其他五价元素），可形成带负电的自由电子（又称多数载流子）参与导电，故被称为电子型半导体，简称 N 型半导体。

（2）P 型半导体。在纯净导体硅或锗中掺入适量的三价磷元素（或其他三价元素），可形成带正电的空穴（又称多数载流子）参与导电，故被称为空穴型半导体，简称 P 型半导体。

任务反馈

（1）自然界中的物质，按照导电能力的不同，可分为____________，____________，____________。

（2）PN 结具有____________性能，即加正向电压时 PN 结____________，加反向电压时 PN 结____________。

4.1.2　二极管相关知识及其检测

任务导航

看一看图 4-1-6 所示的二极管，同学们在生活中见过吗？应用在哪里？

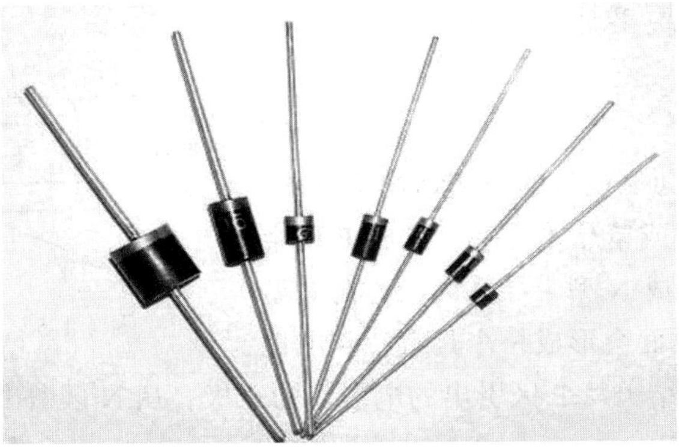

图 4-1-6　常见二极管

知识加油站

一、晶体二极管的基本概念

1. 二极管的结构

在本征半导体上利用特殊工艺分别掺入硼元素和磷元素加工出 P 型半导体和 N 型半导体，在 P 型和 N 型半导体的结合部位形成一个特殊的结构，即 PN 结，PN 结是构成各种半导体器件的基础。

在 P 区和 N 区两侧各接上电极引线，并将其封装在密封的壳体中，即构成半导体二极管如图 4-1-7 所示。接在 P 区的引线称为阳极或正极，用 a 表示，接在 N 区的引线称为阴极或负极，用 k 表示。

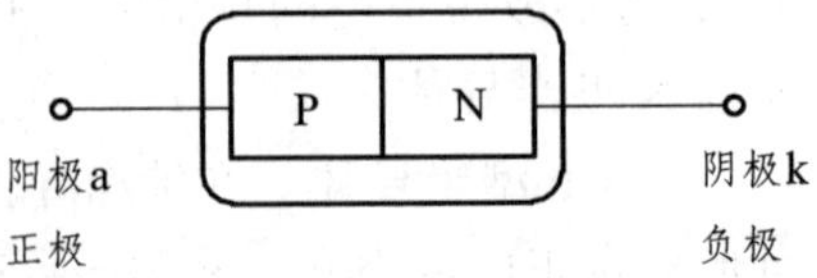

图 4-1-7　二极管结构

二极管的核心即是一个 PN 结。

2. 二极管的符号

电子技术中的元件在电路图中都是用符号来表示的，如电阻用什么符号表示？

二极管的符号如图 4-1-8 所示，图中三角箭头代表二极管正向导电时电流的方向。

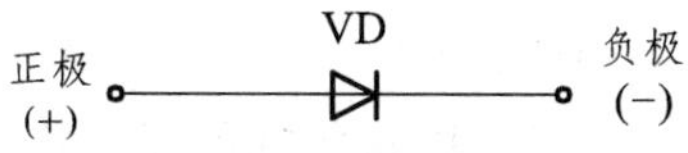

图 4-1-8　二极管的符号

3. 二极管的分类

按二极管的材料分类，可分为硅二极管和锗二极管。

按二极管制造工艺的不同可分为点接触型、面接触型二极管。

点接触型二极管的特点是：PN 结面积小，因而结电容小，通过的电流小，常用于高频电路、检波等。

面接触型二极管的特点是：PN 结面积大，因而结电容较大，只能在低频下工作，允许通过的电流较大，常用于整流等。

按用途不同可分为：稳压二极管，常用于直流电源；开关二极管，专门用于开关的二极管，常用于数字电路；发光二极管，能发出可见光，常用于指示电路；光敏二极管，对光有敏感作用的二极管；变容二极管，常用于高频电路。

按外壳封装材料不同可分为：玻璃封装二极管，检波二极管就采用这种封装材料；塑料封装二极管，需大量使用二极管时就采用这种封装材料；金属封装二极管，大功率整流二极管采用这种封装材料。

二、晶体二极管的伏安特性及曲线

二极管在外接电源时，不同的接法会有导通、截止两种状态，我们把这种特性成为二极管的单向导电性，即加正向电压导通，加反向电压截止的导电特性。二极管的电压与电流的关系曲线如图 4-1-9 所示。

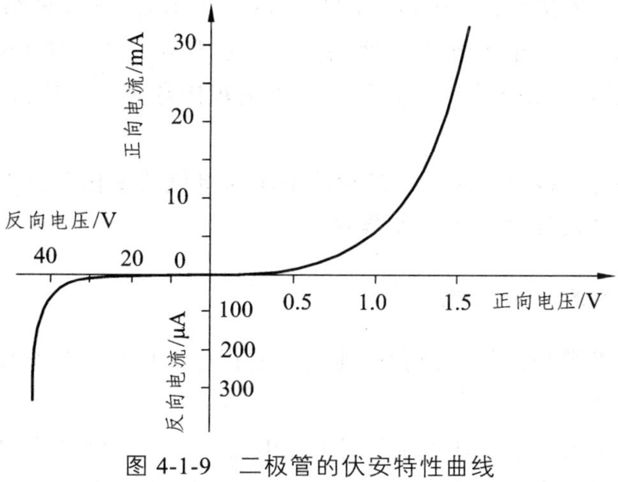

图 4-1-9　二极管的伏安特性曲线

1）正向特性

给二极管加正向电压，即电源的正极与二极管的正极相连，电源的负极与二极管的负极相连。当正向电压超过死区电压后二极管导通。

（1）死区。

当二极管所加的正向电压（又称正向偏置）较小时，正向电流 I_F 很小，二极管呈现较大的电阻，称这个区域为死区。通常硅二极管的死区电压 U_T（又叫门限电压）约为 0.5 V，锗二极管的死区电压约为 0.2 V。

（2）正向导通区。

当正向电压超过死区电压后，正向电流显著增加，并且随着正向电压加大，电流迅速增长，二极管的正向电阻变得很小，当二极管充分导通后，二极管的正向压降基本维持不变，称为正向导通压降，硅二极管约为 0.6～0.8 V，锗二极管约 0.2～0.3 V。这一区段，称为正向导通区。

2）反向特性

给二极管加反向电压，即电源的正极与二极管的负极相连，电源的负极与二极管的正极相连。若反向电压不超过击穿电压，二极管反向截止，二极管中几乎没有电流流过；当反向电压达到击穿电压后二极管将反向击穿。

（1）反向截止区。

当二极管加反向电压（又称反向偏置）时，形成的电流称反向漏电流 I_R，其值很小，这一区段，称为反向截止区。正常情况下，硅二极管的反向漏电流 I_R 一般在几微安以下，锗二极管的 I_R 较大，一般在几十微安至几百微安。

（2）反向击穿区。

当反向电压增加到一定大小的时，反向电流突然急剧增加，这种现象称为二极管反向击穿。使二极管发生反向击穿时的反向电压 U_{BR} 称为反向击穿电压。发生电击穿后，如果反向电压很高，反向电流又很大，则消耗在二极管 PN 结上的功率就会很大，将超过 PN 结容许的耗散功率，产生过多的热量散发不出去，使 PN 结温度升高，结温升高又使反向电流增大，而电流增大又使结温进一步升高，结果使 PN 结因过热而烧毁。这种现象称为热击穿。二极管热击穿后，便失去单向导电性。因此应避免二极管发生热击穿。

从二极管的特性曲线可看出，二极管的电压与电流的变化关系不是线性关系，其内阻不是常数，所以二极管属于非线性器件。

3. 晶体二极管的主要参数

二极管的主要参数是评价二极管性能的重要指标，也是选择和使用二极管的依据。主要参数有如下几个。

（1）最大整流电流 I_{FM}。通常称额定工作电流，是指二极管长期工作时，允许通过二极管的最大正向平均电流。当实际电流超过该值时，二极管会因为过热而损坏。

（2）最高工作电压 U_{RM}。指保证二极管不被击穿所允许施加的最大反向电压。实际使用中二极管反向电压不应超过此电压值，否则会发生反向击穿。

三、二极管的检测

1. 观察法判别二极管极性

二极管的正、负极一般都在外壳上标注出来，因此可以用观察法，通过对二极管的外形、引脚的长短、标志环等特征进行极性判别，如图 4-1-10 所示。图中标有色环的一端是负极，铜辫子的电极是金属封装二极管的负极，对于发光二极管来说，较短引脚的电极是负极。

图 4-1-10　二极管的外形

2. 万用表检测判别二极管的极性

1）万用表调零

将万用表的红笔（正端）接表内电池的负极，黑表笔（负端）接表内电池的正极。测试前，先将万用表的量程选择到 R × 100 或 R × 1K，并将两表笔接调零，如图 4-1-11 所示。

（a）　　　　　　（b）

图 4-1-11　二极管极性的检测

2）测量正向电阻

将万用表的红表笔和黑表笔分别与二极管的两个引脚相接，记录下万用表的电阻指示值，如下图 4-1-12（a）所示。

3）测量反向电阻

对调与红表笔和黑表笔相接的二极管引脚，记录下万用表的电阻值，如图 4-1-12（b）所示。

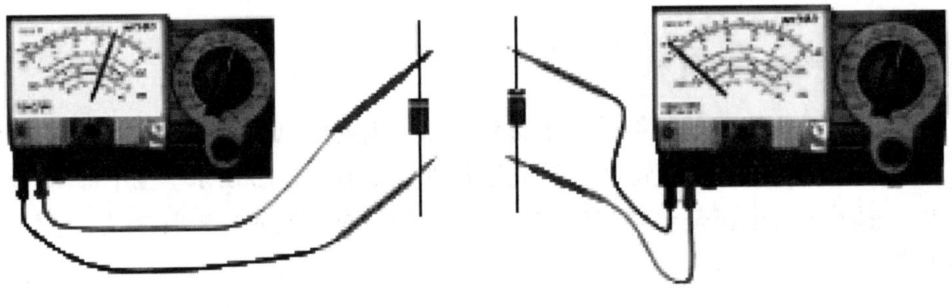

（a）测正向电阻　　（b）测量反向电阻

图 4-1-12　测量正反向电阻

4）比较大小

比较两次测量的阻值大小，以测得的电阻值较小的一次为准，与黑表笔相接的引脚是二极管的正极，与红表笔相接的引脚是二极管的负极，该阻值称为二极管的正向电阻，如图 4-1-12 所示。相反，较大的电阻值称为二极管的反向电阻，如图 4-1-12 所示。

3. 用万用表检测二极管的质量好坏

用万用表检测二极管的质量好坏与用万用表检测二极管的极性判别的方法与步骤相同。不同的是：将两次测量的结果进行比较，正、反向电阻值相差越大，说明二极管的质量就越好。若两次测量的结果相差很小，趋近于零，则说明二极管已击穿；若两次测量的结果很大，趋近于正无穷，则说明二极管已断路。

知识扩展

稳压二极管的相关知识

1. 稳压二极管的伏安特性

稳压二极管是采用硅半导体材料通过特殊工艺制造的，专门工作在反向击穿区的一个平面型二极管。由于能稳压，所以称为稳压二极管。其伏安特性曲线如图 4-1-13 所示，图形符号如图 4-1-14 所示。

由稳压二极管的伏安特性曲线可知，当稳压二极管工作在反向击穿区时，由于反向曲线很陡，反向电流在很大范围变化时，其两端电压却基本保持不变，能起到稳压作用。但是，外电路必须有很好的限流措施，保证稳压二极管击穿后通过的电流不超过最大的稳压电流，否则稳压二极管会因为过热而损坏。

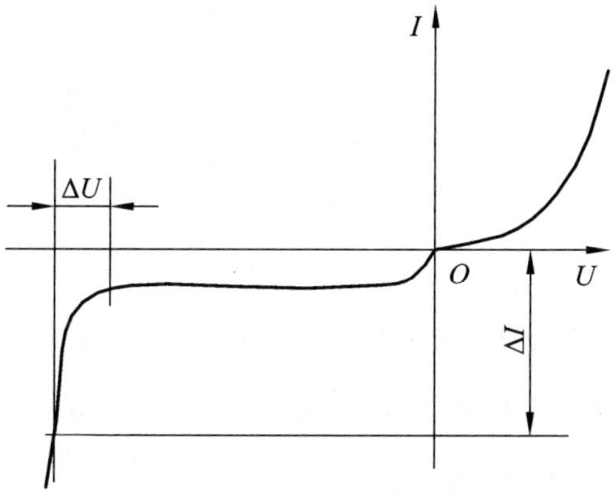

图 4-1-13　稳压二极管伏安特性曲线

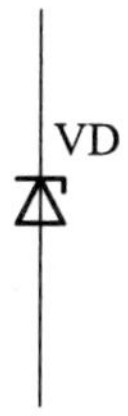

图 4-1-14　稳压二极管图形符号

2. 稳压二极管的主要参数

（1）U_Z——稳定电压。

稳定电压指稳压管通过额定电流时两端产生的稳定电压值。该值随工作电流和温度的不同而略有改变。由于制造工艺的差别，同一型号稳压管的稳压值也不完全一致。例如，2CW51 型稳压管的 U_{Zmin} 为 3.0 V，U_{Zmax} 则为 3.6 V。

（2）I_Z——稳定电流。

稳定电流指稳压管产生稳定电压时通过该管的电流值。低于此值时，稳压管虽并非不能稳压，但稳压效果会变差；高于此值时，只要不超过额定功率损耗，也是允许的，而且稳压性能会好一些，但要多消耗电能。

（3）R_Z——动态电阻。

动态电阻指稳压管两端电压变化与电流变化的比值。该比值随工作电流的不同而改变，一般是工作电流愈大，动态电阻则愈小。例如，2CW7C 稳压管的工作电流为 5 mA 时，R_Z 为 18 Ω；工作电流为 10 mA 时，R_Z 为 8 Ω；为 20 mA 时，R_Z 为 2 Ω；当大于 20 mA 时，则基本维持为 2 Ω。

（4）P_Z——额定功耗。

额定功耗由芯片允许温升决定，其数值为稳定电压 U_Z 和允许最大电流 I_{ZM} 的乘积。例如 2CW51 稳压管的 U_Z 为 3 V，I_{ZM} 为 20 mA，则该管的 P_Z 为 60 mW。

任务反馈

（1）硅二极管的门槛电压为________V，导通电压为________V。锗二极管的门槛电压为________V，导通电压为________V。

（2）说出图 4-1-15 所示电路中硅二极管能否导通及二极管上的电压（$E = 3$ V）。

（a）　　　　（b）

图 4-1-15　任务反馈第 2 题

（3）检测晶体二极管质量，并将检测结果填入表 4-1-1 中。

表 4-1-1　任务反馈第 3 题

正向电阻	反向电阻	二极管好坏
较小	较大	
		短路损坏
∞	∞	
正反向电阻比较接近		

任务 4.2　学习直流稳压电源

知识与技能

（1）了解直流稳压电源的功能。

（2）掌握整流电路、滤波电路、二极管稳压电路的组成、工作原理及简单计算。

（3）能正确识读整流电路、滤波电路、二极管稳压电路的原理图、接线图和布置图。

（4）会进行单相桥式电路、滤波电路的测试，并能独立排除调试过程中出现的故障。

观察图 4-2-1 示波器波形，交流电信号从输入端进入直流稳压电源后输出端输出了直流电信号，这个过程就是我们将要学习的内容。

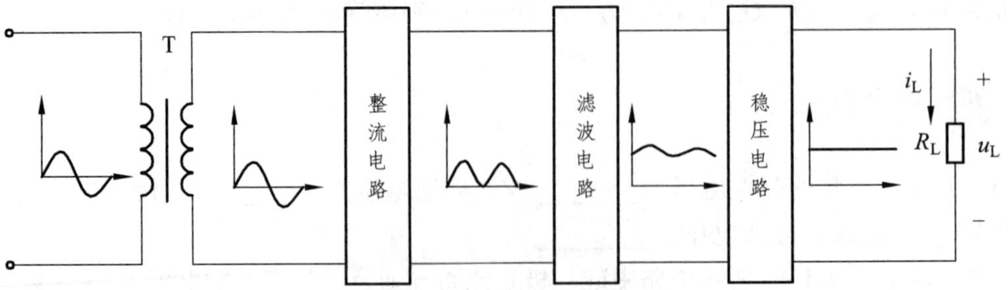

图 4-2-1　直流稳压电源

注：在许多电器中都有这样的电路，如随身听电源、手机充电器等就是应用整流、滤波原理工作的。

4.2.1　单相半波整流电路

任务导航

连接电路如图 4-2-2 所示。

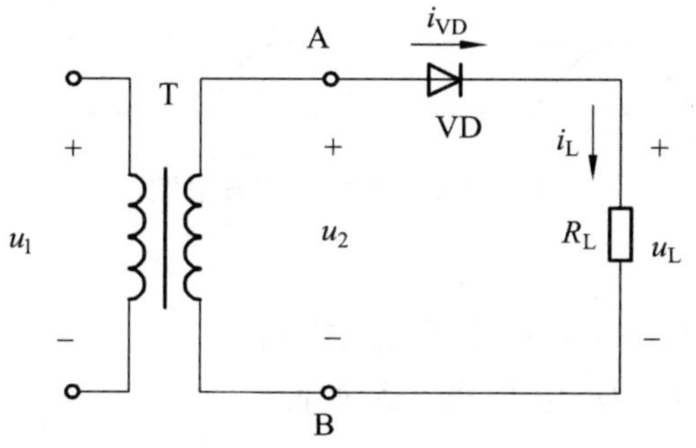

图 4-2-2　单相半波整流

（1）用示波器观察 u_2、U_L 的波形，并将负载两端的电压 U_L 的波形画在图中。
（2）用万用表测量：变压器二次侧电压 U_2 = ______；整流输出电压 U_L = ______。

知识加油站

1. 定　义

整流：将交流电转换成直流电的过程。
整流电路：利用晶体二极管的单相导电性，将单相交流电转换成直流电的电路。

2. 电路组成

（1）变压器 T。（2）整流二极管 VD。（3）负载电阻 R_L。

3. 电路工作分析

设变压器的二次侧电压为 u_2，在 u_2 的正半周设 A 端为正，B 端为负，二极管在正向电压的作用下导通。若忽略二极管导通时的压降，则负载 R_L 两端的电压 U_L 就等于 U_2；在 u_2 的负半周，变压器二次侧的 A 端为负，B 端为正，则二极管承受反向电压而截止，负载两端的电压 U_L 为零。随着 u_2 周而复始的变化，负载上就得到图 4-2-3 所示的电压。这种整流电路只利用了电源电压 u_2 的半个周期，u_2 每变化一周期在负载上得到半个周期的单相脉动直流电，所以称为半波整流。

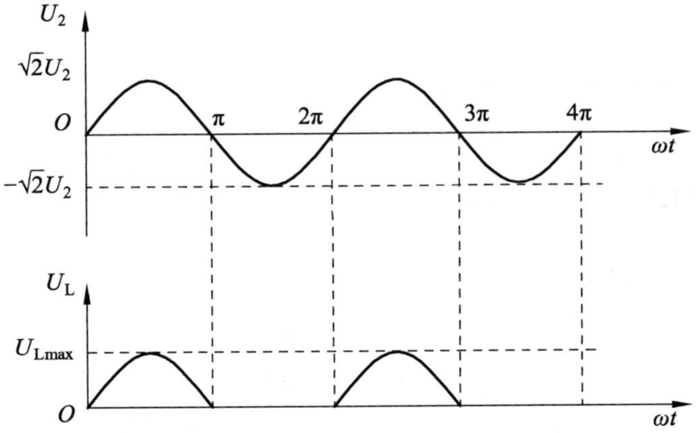

图 4-2-3　半波整流波形图

想一想：

1. 如何标出单相半波整流电路中的电流方向？
2. 若二极管电压为 0，U_L 与 U_2 的关系如何？

4. 负载上的直流电压和电流

负载中的电流方向不变，但大小波动，这种电流叫脉动直流电。负载的直流电压指在输入电压 u_2 的一个周期内，负载获得的脉动直流电压的平均值，用 U_L 表示。用欧姆定律计算可得

$$U_L = 0.45U_2$$

式中　U_2——变压器二次侧电压有效值。

流过负载 R_L 的直流电流平均值

$$I_L = \frac{U_L}{R_L} = 0.45\frac{U_L}{R_L}$$

式中　二极管的正向电流 I_V 与流过负载 R_L 的电流 I_L 相等。

$$I_V = I_L = \frac{0.45U_2}{R_L}$$

5. 整流二极管的选择

半波整流电路中，因二极管与负载串联，所以流过二极管的平均电流 I_F 就等于负载的直流电流平均值 I_L，即

$$I_F = I_L = \frac{0.45U_2}{R_L}$$

二极管反向电压截止时承受的反向峰值电压 U_{RM} 等于变压器二次侧电压的最大值，即

$$U_{RM} = \sqrt{2}U_2$$

注：I_F 和 U_{RM} 是选择整流二极管的主要依据。

知识扩展

半波整流电路结构简单，使用元器件少，但半波整流是以“牺牲”一半的交流为代价来换取整流效果的，电源利用率很低，输出电压脉动大。

任务反馈

（1）单相半波整流电路中，已知变压器的一次侧电压 $U_1 = 220\text{ V}$，电压比 $n = 10$，负载电阻 $R_L = 10\,\Omega$，计算：直流输出电压 U_L 和直流输出电流 I_L。

（2）在单相半波整流电路中，负载 R_L 上得到的脉动直流电压平均值为 U_L = ______；流过负载和二极管的直流电流相等，即 $I_V = I_L$ = ________；二极管承受的最大反向电压 U_{RM} = ________。

4.2.2　单相桥式整流电路

任务导航

用 4 只特性完全一样的整流二极管，连接成电桥形式的单相桥式整流电路，如图 4-2-4 所示。

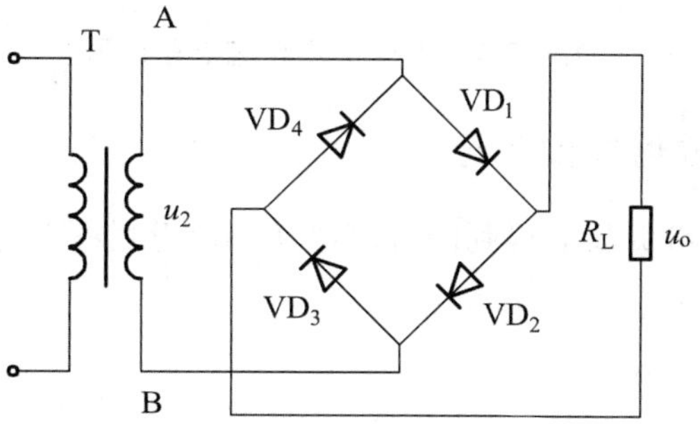

图 4-2-4　单相桥式整流电路图

（1）用示波器观察 u_2、U_L 的波形，并将 U_L 波形画在图中。

（2）用万用表测量：变压器二次侧绕组电压 U_2 = __________；整流输出电压 U_L = __________。

知识加油站

1. 电路组成

（1）变压器 T。（2）四只相同的整流二极管 $V_{D1} \sim V_{D4}$。（3）负载电阻 R_L 。

2. 电路的工作分析

设变压器的二次侧电压为 u_2，其波形如图 4-2-5 所示。在 u_2 的正半周期，变压器二次侧 A 端为正，B 端为负，二极管 VD_1 和 V_{D3} 承受正向压降的作用导通，而 VD_2 和 VD_4 承受反向电压截止，电流流向为：A-VD_1-R_L-VD_3-B。

在 u_2 的负半周期，变压器二次侧的 B 端为负，A 端为正，此时 VD_1 和 VD_3 正承受反向电压而截止，而 VD_2 和 VD_4 在正向电压的作用下导通，电流流向为：B-VD_2-R_L-VD_4-A。由电路图可以看到，尽管 u_2 的方向发生了变化，但流过负载的电流方向却没变。负载电压和电流的波形如图 4-2-5 所示。这种整流电路在整个周期内都有输出，在负载上得到的是全波脉动直流电压和电流，而且和半波整流相比，它的脉动程度要小，电能利用率高。

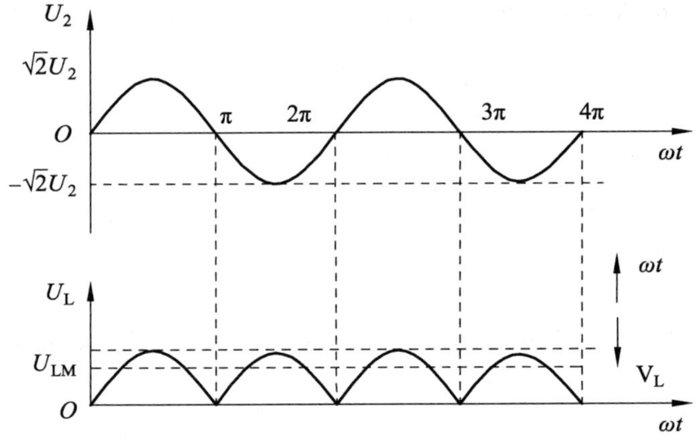

图 4-2-5　单相桥式整流电路波形图

3. 负载上的直流电压和电流

单相桥式整流电路负载上得到的直流电压和电路的平均值比单相半波整流提高了一倍，即

$$U_L = 0.9U_2$$

$$I_L = \frac{U_L}{R_L} = \frac{0.9U_2}{R_L}$$

4. 整流二极管的选择

在桥式整流电路中，负载的直流电流是由二极管 VD_1、VD_3 和 VD_2、VD_4 轮流导通

的，所以流过二极管的平均电流应是负载直流电流的一半，即

$$I_F = \frac{1}{2} I_L = 0.45 \frac{U_2}{R_L}$$

由波形图可以看出，在桥式整流电路中，当 VD_1，VD_3 导通时，VD_2，VD_4 截止，此时二极管 VD_2，VD_4 承受反向电压。同理可知，VD_2、VD_4 导通时，VD_1、VD_3 承受反向电压。由于二极管承受反向电压时是并接在变压器二次侧两端的，所以二极管承受反向电压的最大值仍等于变压器二次侧电压的最大值，即

$$U_{RM} = \sqrt{2} U_2$$

想一想：

在单相桥式整流电路中，若出现以下问题，会产生何种不良影响？

（1）二极管 V_{D1} 极性接反。

（2）二极管 V_{D2} 开焊或脱焊。

（3）二极管 V_{D3} 倍击穿短。

（4）负载 R_L 短路。

知识扩展

桥式整流电路与半波整流电路相比具有电源利用率高、平均直流电压高、脉动小等优点。交流电压经整流电路后输出的是直流电压，含有较大的脉动成分，仅能用于电镀、电焊、电池充电器等要求不高的设备中。

整流桥堆：把若干只整流二极管用绝缘瓷、环氧树脂等封装成一体称为整流桥堆，常见的有半桥、全桥整流堆。

全桥整流堆有 4 个引脚，其中两个脚上标有两个“～”或“AC”符号，与输入交流电相连接；另两个脚分别标着“+”“－”是整流输出直流电压的正、负端。使用时做相应的连接即可。

任务反馈

（1）单相桥式整流电路中，已知变压器的一次侧电压 $U_1 = 220\ \text{V}$，电压比 $n = 10$，负载电阻 $R_L = 10\ \Omega$，计算：直流输出电压 U_L 和直流输出电流 I_L。

（2）桥式整流电路的输出直流电压比半波整流电路增加一倍，即 $U_L =$ __________；流过负载的直流电流 $I_L =$ __________；流过二极管的平均电流为 $I_{VD} =$ __________；二极管承受的最大反向电压为 $U_{RM} =$ __________。

4.2.3 三相桥式整流电路

任务导航

单相整流电路输出功率不大，一般不超过几千瓦，若需要大功率直流电源时，一般要用三相整流电路。

用 6 只特性完全一样的整流二极管，连成图 4-2-6 所示三相桥式整流电路。

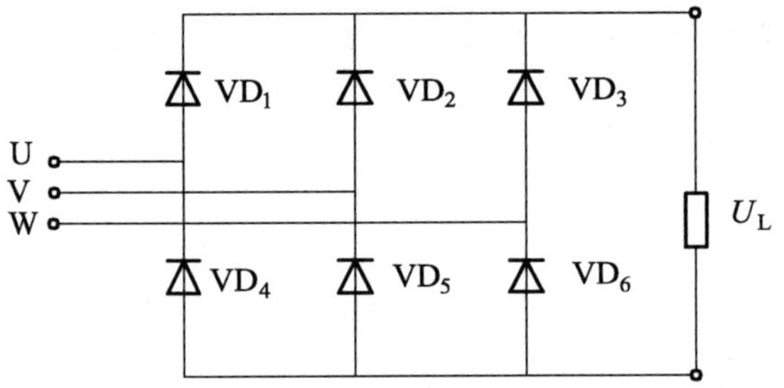

图 4-2-6 三相桥式整流电路图

（1）用示波器观察 u_2、U_L 的波形，并将 U_L 波形画在图中。

（2）用万用表测量：变压器二次侧绕组电压 U_2 =______；整流输出电压 U_L =______。

知识加油站

1. 电路组成

如下图所示为应用最广的三相桥式整流电路，电源变压器一次绕组接成三角形，二次侧绕组接成星形。VD_1、VD_2、VD_3 共阴极连接，VD_4、VD_5、VD_6 共阳极连接。

2. 电路的工作分析

三相桥式整流电路工作波形如图 4-2-7 所示。

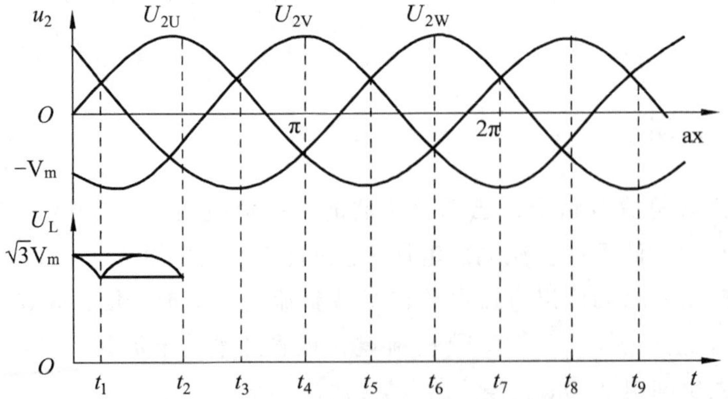

图 4-2-7 三相桥式整流电路波形图

在 $t_1 \sim t_2$ 期间，共阴极组中 U 相电位最高，VD_1 优先导通；共阳极组中 V 相电位最低，VD_5 优先导通；其余二极管截止。电流通路为 U→VD_1→R_L→VD_5→V。这时负载两端的电压为线电压 $u_0 = u_{UV}$。

在 $t_2 \sim t_3$ 期间，在共阴极组中 U 相电位最高，VD_1 继续导通，而共阳极组中 W 相电位最低，VD_1 与 VD_6 串联导通，其余二极管截止。电流通路为 U→VD_1→VD_6→W。这时负载两端的电压为线电压 $u_0 = u_{VW}$。

依此类推，可得出如下结论：在任一瞬间，共阴极组和共阳极组中各有一只二极管导通，每只二极管在一个周期内导通 120°，负载上获得的脉动直流电压线电压 u_{UV}、u_{UW}、u_{VW}、u_{VU}、u_{WU}、u_{WV} 的波顶连线。在一个周期内出现 6 个波头，负载电压为正压输出，输出直流电压平均值为

$$U_L = 2.34U_2$$

式中　U_2 为变压器二次侧相电压有效值。

与单相整流电路相比，三相桥式整流电路的输出波形显然要平滑整齐，脉动更小，而且变压器利用率高，更重要的是在大功率输出的情况下不会影响三相电网的平衡。三相桥式整流电路一般用在电解、电镀、电焊以及给直流电动机供电的直流电路中。

任务反馈

三相桥式整流电路比单相桥式整流电路的优越性体现在哪？

4.2.4　滤波电路

任务导航

连接单相半波整流滤波电路如图 4-2-8 所示。

未接电容 C 时，负载 R_L 上的电压波形如前面所讲，当接入电容 C 后，用示波器观测负载 R_L 上的电压波形，并用万用表测量负载 R_L 两端电压 U_L = ________。

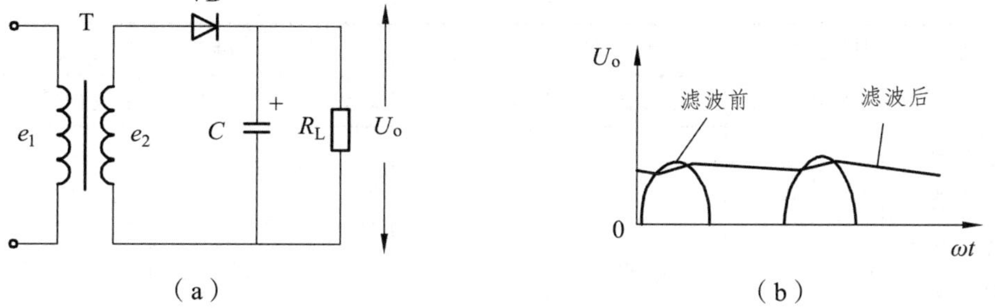

图 4-2-8　单相半波整流滤波电路及波形图

知识加油站

一、电容滤波电路

整流电路利用二极管的单向导电性将交流电压变为脉动直流电压，其中还含有交流成分，称为纹波，因此远不能满足大多数电子设备对电源的要求。为了改善整流输出电压的脉动程度，提高其平滑性，在整流电路后，要加入滤波元件。下面介绍几种常用的滤波电路。

1. 电路的组成

由变压器 T、4 只整流二极管 $VD_1 \sim VD_4$、电容器 C、负载电阻 R_L 组成。

2. 电路工作分析

电容 C 接入电路，假设开始时电容上的电压为零，接通电源后 u_2 从零开始增大，整流输出的电压在向负载 R_L 供电的同时，也给电容 C 充电。当充电电压达到最大值 $\sqrt{2}U_2$ 后，u_2 开始下降，于是电容 C 开始通过负载电阻放电，维持负载两端电压缓慢下降，直到下一个整流电压波形的到来。当 u_2 大于电容端电压 u_c 时，电容又开始充电。如此循环下去，使输出电压的脉动成分减小，平均值增大，从而达到滤波目的，负载上就得到了图 4-2-8 所示的输出电压。

3. 电容滤波的特点

R_LC 越大，电容放电越慢，输出直流电压平均值越大，滤波效果也越好；反之输出电压低且滤波效果差。当滤波电容较大时，在接通电源的瞬间会有很大的充电电流，称之为浪涌电流。电容滤波适用于负载电流较小且变化不大的场合。

想一想：

试分析桥式整流滤波电路的负载电压输出波形。

4. 电容滤波整流电路负载电压的估算（表 4-2-1）

表 4-2-1　整流对比

电路形式	输入交流电压有效值	负载两端电压平均值		整流二极管上的电压和电流	
		负载开路	带负载时	最大反向电压 U_{RM}	通过的平均电流 I_F
单相半波整流电容滤波	U_2	$\sqrt{2}U_2$	约为 U_2	$2\sqrt{2}U_2$	I_L
单相桥式整流电容滤波	U_2	$\sqrt{2}U_2$	为 $1.2U_2$	$\sqrt{2}U_2$	$\frac{1}{2}I_L$

知识扩展

电容滤波电路比较适用于负载电流较小且变化不大的场合。在负载电流很大（即负载电阻很小）的情况下，采用电容滤波，则所选电容器容量势必很大，这样对整流二极管的短时冲击电流，即涌浪电流也就很大，这时采用电感滤波电路供电效果较好。

1. 电感滤波原理

电感滤波电路如图 4-2-9 所示，由于电感中的电流不能突变，因此电感 L 对于交流电呈现一个很大的感抗 $X_L = 2\pi fL$ 能有效阻止交流电通过，因此，交流成分大多降落在电感 L 上，而直流成分则顺利地通过电感 L 流到负载 R_L 上，于是在负载 R_L 上获得的输出电压 U_L 中，交流成分就很小，从而达到滤波的目的。随着电感 L 的增加，即 $X_L = 2\pi fL$ 增加，阻止交流电的作用越强，滤波作用也越强，输出电压 U_L 中的交流成分就越小。

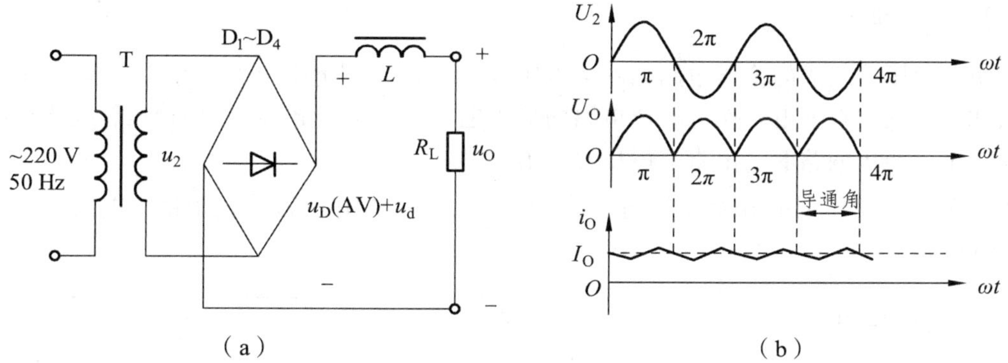

图 4-2-9　电感滤波电路波形图

2. 电感滤波特点

电感滤波对整流二极管没有电流冲击。一般来说，感抗越大，滤波效果越好。为了增大电感值，电感多用带铁心的线圈，但其体积大、较笨重、成本高，输出电压也会降低，所以滤波电感常取几亨到几十亨。

电感滤波主要作用于电容滤波难以胜任的大电流负载或负载经常变化的场合，但由于电感体积大、笨重、成本高，在小功率的电子设备中很少使用。

任务反馈

（1）桥式整流电容滤波电路，电源由 220 V、50 Hz 的交流电压经变压器降压供电，负载电阻为 R_L 为 40 Ω，输出整流电压为 20 V。当开关闭合时，试求变压器二次侧电压。

（2）电容滤波和电感滤波的比较（表 4-2-2）。

表 4-2-2　电容滤波与电感滤波的比较

滤波元件	滤波原理	滤波特点	适用场合
电容			
电感			

4.2.5　稳压电路

任务导航

生活中遇到电网电压波动会导致电路的不稳定，那如何来解决这个问题呢？

知识加油站

1. 电路组成

由硅稳压管组成的稳压电路如图 4-2-10 所示，由限流电阻 R 和硅稳压管 V_Z 组成。整流滤波得到的直流电压作为稳压电路的输入电压 U_i，限流电阻 R 使稳压管处于反向击穿状态故稳压电路的输出直流电压 $U_L = U_Z$。

由于起稳压作用的硅稳压管与负载 R_L 并联，故称电路为并联型稳压电路，如图 4-2-10 所示。

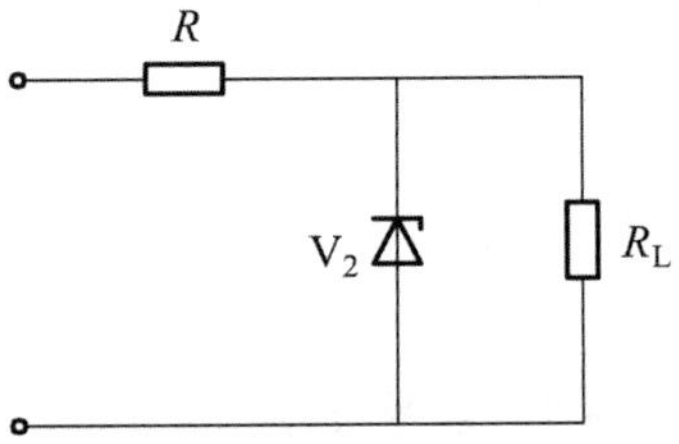

图 4-2-10　并联型稳压电路

2. 稳压原理

经滤波后得到的直流电压 U_i，再经过 R 和 V 组成的稳压电路后送到负载上，其电压、电流的关系为

$$U_i = IR + U_L$$
$$I = I_Z + I_L$$

（1）设负载电阻 R_L 不变。若电网电压波动升高，则使整流滤波输出电压 U_i 上升，引起负载两端电压 U_L 增加。根据稳压管反向击穿特性，只要 U_L 有少许增大，则 I_L 显著增加，使流过 R 的电流 I 增加，R 上电压降 IR 增大，从而抵消 U_i 的增加，使 U_L 保持稳定。其工作过程可描述为 $U_i\uparrow\rightarrow U_L\uparrow\rightarrow I_Z\uparrow\rightarrow I\uparrow\rightarrow IR\rightarrow U_L\downarrow$。

同理，如果电网电压波动使输出电压 U_L 减小，其工作过程与上述过程相反，U_L 仍保持稳定。

（2）设 U_i 不变。当负载电阻 R_L 减小时，负载电流 I_L 增加，限流电阻 R 上的压降 IR 增大，输出电压 U_L 将下降，而输出电压稍有下降，就会引起流过稳压管的电流 I_Z 下降，从而抵消了负载电流变化在限流电阻上造成的电压变化，保证输出电压 U_L 的稳定。上述过程可描述为 $R_L\downarrow\rightarrow U_L\downarrow\rightarrow I_Z\downarrow\rightarrow I\downarrow\rightarrow IR\downarrow\rightarrow U_L\uparrow$。

同理，当负载电阻增加时，由于稳压管的稳压作用，也能保证输出电压稳定。

从以上分析可知，限流电阻 R 不仅有限流作用，还起调节输出电压的作用，与稳压管配合共同稳定输出电压。

由稳压电路图可知，稳压管作为电压调节器器件与负载并联，故又称为并联型稳压电路。该电路结构简单，成本低，但输出电流较小，电路稳定性也较差。另外，当负载开路时，输出电流将全部流过稳压管，若此电流超过稳压管的最大稳定电流就会烧坏稳压管。因此这种电路只能应用在要求不高的小电流稳压电路中。

知识扩展

变压器二次电压不能过高或过低。当供电电压波动出现高峰时，将使整流器出现高压脉冲，这就容易损坏集成稳压器。变压器二次电压也不能过低，否则不能保证稳压器正常工作。因此在供电电压处于最低值时，必须使集成稳压器的输入电压高于输出电压 2 ~ 3 V。

任务反馈

（1）整流滤波后的直流电压不稳定的主要原因是__________。

（2）直流稳压电源的功能是图 4-2-10，直流稳压电源主要由__________、__________和__________三部分组成。

知识接力

一、填空题

1. 半导体分为________半导体和________半导体。
2. 半导体中有________和空穴两种载流子导电。
3. 半导体是一种导电能力介于________和________之间的物质。
4. 二极管的主要参数是最高反向工作电压。
5. 二极管导通后，硅二极管的正向压降为_____V，锗二极管的正向压降为_____V。
6. PN 结的正向接法为：P 区接________电源，N 区接________电源。
7. 整流是指将________变为________的过程。
8. 按输出波形分，整流电路可分为________整流电路和________整流电路。
9. 整流电路用来将电压变换为单向脉动的直流电压。
10. 利用二极管________的特性可构成整流电路。
11. 单相桥式整流电路中，负载两端直流电压为变压器二次侧电压的________倍。

12. 所谓滤波，就是把直流电变为________的直流电的过程。

13. 使用硅稳压管时，应将其正极接电源的________极，负极接电源的________极。

14. 电容滤波是利用电容器________不能突变来实现滤波的。

15. 稳压管工作于________区，在该区内，稳压管的很大范围内变化，________却基本不变。

16. 如在电阻 R_L 阻值越________，滤波电容 C 的容量越________，电容充电速度越________，放电速度越________，滤波效果越好。

二、选择题

1. PN 结最大特点是具有（　　）。

A 导电性　　B 绝缘性能　　C 单向导电性

2. 煤气报警器中使用的半导体器件是利用了半导体的（　　）。

A 光敏特性　　B 气敏特性　　C 热敏特性

3. 当二极管工作在伏安特性曲线的正向特性区，而且所加正向电压大于其门坎电压时，该二极管相当于（　　）。

A. 大阻值电阻　　B. 断开的开关　　C. 接通的开关

4. 利用半导体器件的（　　）特性可实现整流。

A 伏安特性　　B　稳压　　C 单向导电

5. 半波整流，二极管实际承受反向电压的最大值出现在二极管的（　　）。

A 截止时　　B 饱和时　　C 由截止变饱和时

6. 整流滤波后的直流电压不稳定的主要原因是（　　）。

A. 电网电压波动　　B. 负载变化　　C. 电网电压波动和负载变化

7. 整流电路后加滤波电路目的是（　　）。

A. 提高输出电压　　B. 降低输出电压　　C. 减小输出电压的脉动程度

8. 硅二极管的导通电压是（　　）。

A. 0.7 V　　B. 0.3 V　　C. 0.5 V

9. 锗二极管的导通电压是（　　）。

A. 0.7 V　　B. 0.3 V　　C. 0.5 V

10. 硅稳压二极管稳压电路中，硅稳压二极管必须与限流电阻串接，此限流电阻的作用是（　　）。

A. 提供偏流　　B. 仅是限制电流　　C. 兼有限流和调压两个作用

三、判断题

1. P 型半导体中空穴是多数载流子，所以带正电。　（　　）

2. 在半导体内部，只有电子能传导电流。　（　　）

3. 二极管导通时，正向压降为 0.7 V。（　）

4. 通常硅二极管的正向压降比锗管的大，反向饱和电流比锗管的小。（　）

5. 二极管只要加正向电压就一定导通。（　）

6. 二极管正向导通后，正向管压降几乎不随电流变化。（　）

7. 单相半波整流电路中流过二极管的电流和负载电流相同。（　）

8. 因为桥式整流电路中有 4 只整流二极管，所以流过每只二极管的平均电流等于负载电流的 1/4。（　）

9. 在相同的输入电压条件下，单相桥式整流电路输出的直流电压平均值是半波整流电路输出的直流电压平均值 2 倍。（　）

10. 在单相桥式整流电流中，只要把变压器二次侧绕组的端钮对调，就能使输出直流电压的极性改变。（　）

11. 单相桥式整流电路在输入交流电压的每个半周内，都有两只二极管导通。（　）

12. 硅稳压二极管在稳压电路中应反接在稳压电路中。（　）

13. 三相桥式整流电路中，每个整流元件中流过的电流平均值是负载电流平均值的 1/6。（　）

14. 三相桥式整流电路输出电压波形较三相半波整流电路平滑得多，脉动更小。（　）

15. 电容滤波电路中 R_L 值越大，滤波效果越好。（　）

16. 电感滤波的效果肯定比电容滤波的效果更好些。（　）

17. 接上滤波电容后，整流后输出的直流电压降低。（　）

四、综合题

1. 完成题图 4-1 所示的电路连接（画出相应的元件符号）。

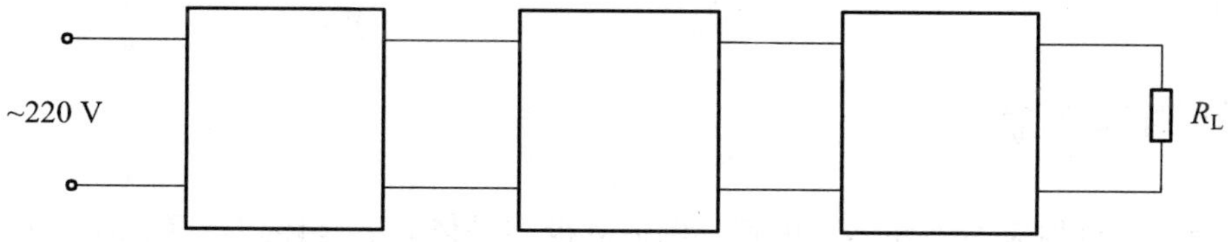

题图 4-1

2. 三相桥式整流电路中，已知变压器二次侧相电压的有效值为 120 V，输出直流电流 30 A，试求：

（1）输出直流电压平均值是多少？

（2）负载电阻为多大？

项目 5　三极管放大电路

放大电路在电子电路中无处不在，如住宅门厅中安装的电子门铃、对讲电话机以及人们身边的收音机等，都是由于其中存在放大电路，才能从扬声器发出较大的声音。而常见的放大电路的核心部分——电信号的放大器件就是晶体三极管，简称三极管。

任务 5.1　三极管基本概念

知识与技能

（1）三极管的结构和型号。
（2）三极管的三种工作状态。
（3）三极管的电流放大作用。
（4）三极管的输入、输出特性曲线。
（5）晶体三极管的检测。

5.1.1　晶体三极管

任务导航

三极管，全称应为半导体三极管，也称双极型晶体管、晶体三极管，是一种控制电流的半导体器件。其作用是把微弱信号放大成幅度值较大的电信号，也用作无触点开关。晶体三极管，是半导体基本元器件之一，具有电流放大作用，是电子电路的核心元件。

三极管从封装外形来分，一般有硅酮塑料封装、金属封装，以及用于表面安装的片状三极管，目前常用的 90××系列三极管采用 TO-92 型塑封，它们的型号一般都标在塑壳上，如图 5-1-1 所示。

图 5-1-1　三极管实物图

知识加油站

晶体三极管（简称三极管）具有电流放大作用，它的应用比二极管更为广泛。

一、三极管的结构和型号

图 5-1-2 所示为三极管的结构示意图。由图可见，三极管具有两个 PN 结：发射结和集电结。两个 PN 结将三极管分成三个区：发射区、基区和集电区。由三个区分别引出电极：发射极 e、基极 b 和集电极 c。

根据三个区半导体材料性质的不同，三极管由 NPN 型和 PNP 型两种类型，用符号 V 表示。两种类型管子符号的区别是 NPN 型管发射极箭头向外，PNP 型管发射极箭头向内。箭头方向表示发射结加正向电压时的电流方向。NPN 型和 PNP 型两种管子的工作原理是相同的。

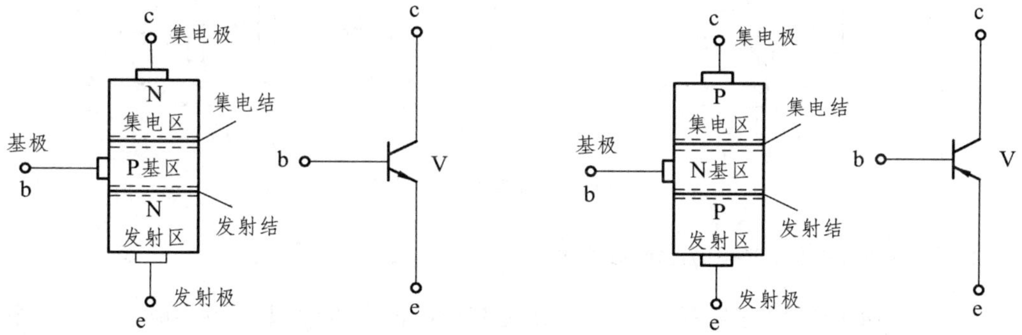

（a）NPN 型　　（b）PNP 型

图 5-1-2　两种类型三极管

为了保证三极管具有放大作用，三极管的内部结构具有如下两个特点：

（1）三极管的基区做得很薄，约为几到几十微米。

（2）发射区掺入杂质的浓度远大于基区掺杂浓度。

另外，由于集电区的掺杂浓度不是远大于基区掺杂浓度，集电结的面积比发射结的面积大等，所以在使用三极管时，集电极和发射极是不可能对调使用的。

NPN 和 PNP 两种类型的三极管按照选用半导体材料的不同，有硅管和锗管之分。目前，应用较多的是 NPN 型硅管，因此下面以 NPN 型管为例进行分析。

三极管的型号命名方法举例说明如下：

3　A　X　31

其中　3——序号；

A——低频小功率管；

X——PNP 型锗材料；

31——三极管。

二、晶体三极管的电流放大作用

1. 三极管电流放大的条件

要使三极管实现电流放大，必须给它的发射结加上正向电压，集电结加上反向电压，也就是说三极管放大的条件是发射结正偏，集电结反偏。

图 5-1-3 所示为三极管放大电路的双电源接线图，其中图 5-1-3（a）为 NPN 型管，图 5-1-3（b）为 PNP 型管，可以看出所接电源极性正好相反。对 NPN 管应满足 $U_C > U_B > U_E$，对于 PNP 管应满足 $U_C < U_B < U_E$。

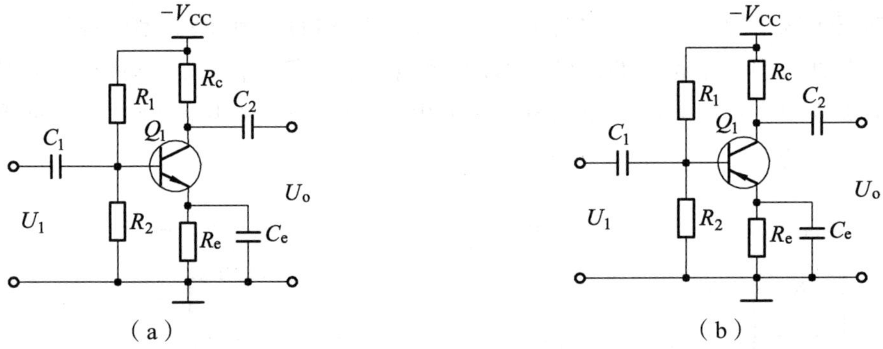

图 5-1-3　偏置电压的加入

2. 三极管各电流的电流分配关系

在图 5-1-4 的实验电路中，调节 R_P 改变基极电流 I_B 的大小，可相应的测得一组集电极电流 I_C 和发射极电流 I_E 的数值。表 5-1-1 列出了七组实验数据。

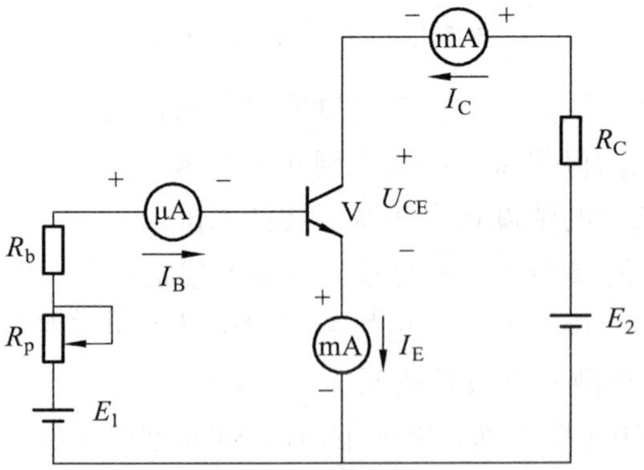

图 5-1-4　三极管放大电流作用的实验电路

表 5-1-1　实验数据　　单位：mA

I_B	0	0.05	0.10	0.15	0.30	0.45	0.60
I_C	<0.01	1.10	3.50	6.50	18.50	29.30	40.20
I_E	<0.01	1.15	3.60	6.65	18.80	29.75	40.80

从表中可以看出，发射极电流等于集电极电流与基极电流之和，即

$$I_E = I_C + I_B$$

由于 I_B 比 I_C 小得多，可认为发射极电流和集电极电流近似相等，即

$$I_E \approx I_C$$

3. 三极管的电流放大作用

分析表 5-1 中数据可以看出，当基极电流 I_B 从 0.30 mA 变化到 0.45 mA 时，集电极电流 I_C 从 18.5 mA 变化到 29.30 mA，这两个变化量的比为

$$\frac{\Delta I_C}{\Delta I_B} = \frac{29.30 - 18.50}{0.45 - 0.30} = \frac{10.80}{0.15} = 72$$

即 I_C 的变化量为 I_B 变化量的 72 倍。由此可知，当基极电流 I_B 有一微小变化时，就能够引起集电极电流 I_C 的较大变化，这就是三极管的电流放大作用。

通常把上述比值称为三极管的共发射极交流电流放大系数，用 β 表示，即

$$\beta = \frac{\Delta I_C}{\Delta I_B}$$

三极管放大的实质是以小电流控制大电流，放大后的信号的能量是电源提供的，而不是凭空增加的。

三极管的集电极电流 I_C 和基极电流 I_B 的比值也可表明三极管的电流放大能力，称为三极管的共发射极直流电流放大系数，用 $\overline{\beta}$ 表示，即

$$\overline{\beta} = \frac{I_C}{I_B}$$

知识拓展

电子制作中常用的三极管有 90×× 系列，包括低频小功率硅管 9013（NPN）、9012（PNP），低噪声管 9014（NPN），高频小功率管 9018（NPN）等。它们的型号一般都标在塑壳上，而样子都一样，都是 TO-92 标准封装。在老式的电子产品中还能见到 3DG6（低频小功率硅管）、3AX31（低频小功率锗管）等，它们的型号也都印在金属的外壳上。我国生产的晶体管有一套命名规则，电子爱好者可以了解一下：

第一部分的 3 表示为三极管。第二部分表示器件的材料和结构，A：PNP 型锗材料；B：NPN 型锗材料；C：PNP 型硅材料；D：NPN 型硅材料。第三部分表示功能，U：光电管；K：开关管；X：低频小功率管；G：高频小功率管；D：低频大功率管；A：高频大功率管。另外，3DJ 型为场效应管，BT 打头的表示半导体特殊元件。

三极管最基本的作用是放大作用，它可以把微弱的电信号变成一定强度的信号，当然

这种转换仍然遵循能量守恒，它只是把电源的能量转换成信号的能量罢了。三极管有一个重要参数就是电流放大系数 β。当三极管的基极上加一个微小的电流时，在集电极上可以得到一个是注入电流 β 倍的电流，即集电极电流。集电极电流随基极电流的变化而变化，并且基极电流很小的变化可以引起集电极电流很大的变化，这就是三极管的放大作用。

三极管还可以作电子开关，配合其他元件还可以构成振荡器。

任务反馈

（1）三极管按结构分为____和____两种类型，均具有两个 PN 结，即____和____。

（2）三极管有放大作用的外部条件是发射结______，集电结______。

5.1.2　三极管特性曲线

任务导航

二极管伏安特性曲线加在 PN 结两端的电压和流过二极管的电流之间的关系曲线称为伏安特性曲线，如图 5-1-5 所示。

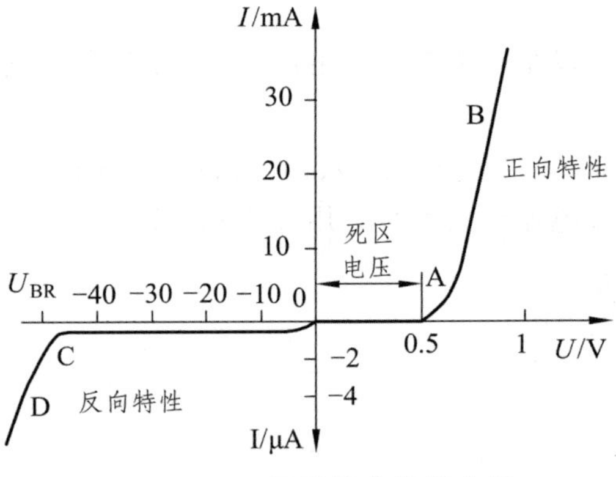

图 5-1-5　二极管伏安特性曲线

正向特性：$U>0$ 的部分称为正向特性。

反向特性：$U<0$ 的部分称为反向特性。

反向击穿：当反向电压超过一定数值 U_{BR} 后，反向电流急剧增加，称之反向击穿。那么三极管的伏安特性曲线又是怎么样的呢?

知识加油站

一、三极管的输入曲线

三极管的特性曲线是指三极管各极电压与电流之间的关系曲线，下面以共发射极输入输出曲线为例进行分析。

共发射极输入特性曲线是指当集电极到发射极之间的电压 U_{CE} 为某一常数时，基极电流 I_B 与基极到发射极之间的电压 U_{BE} 的关系曲线。由图 5-1-6 可见，输入特性曲线是非线性的，与二极管的正向伏安特性相似。

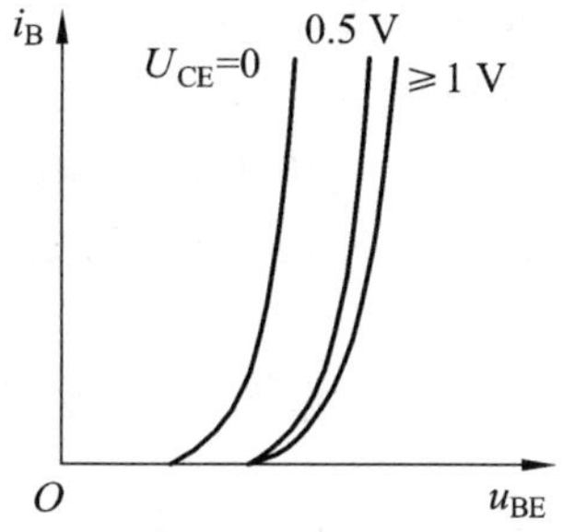

图 5-1-6　三极管的输入特性曲线

三极管的输入特性有死区（即当 U_{BE} 较小时，I_B 近似为零），只有当加在发射结上的正向电压大于死区电压时，三极管才会出现较大的基极电流 I_B。硅三极管的死区电压约为 0.5 V，锗三极管的死区电压约为 0.1 ~ 0.2 V。

三极管发射结的正向导通电压，硅管约为 0.7 V，锗管约为 0.3 V。

二、三极管输出特性曲线

三极管共发射极的输出特性曲线是指当基极电流 I_B 为某一常数时，集电极电流 I_C 与集电极到发射极之间的电压 U_{CE} 的关系曲线。

输出特性曲线可以分为三个工作区，即饱和区、截止区和放大区，如图 5-1-7 所示。它们分别与三极管的饱和工作状态、截止工作状态和放大工作状态相对应。

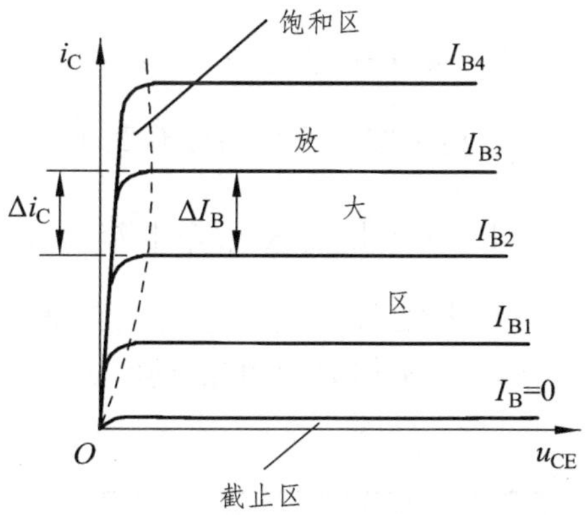

图 5-1-7　三极管输出特性曲线

饱和区：在输出特性曲线中，所有曲线拐点的连线与纵坐标轴之间所夹的区域称为饱和区。饱和区的特点是 U_{CE} 很小，一般 $U_{CE}<U_{BE}$，也就是发射结和集电结都处于正向偏置状态。这时，发射区向基区注入了大量的电子，使基区的电子浓度高于集电区。集电结正向电压建立的电场对基区电子向集电区运动虽然有阻碍作用，但由于浓度差产生的扩散作用，仍有电子从基区进入集电区形成集电极电流。

三极管饱和时，集电区收集电子的能力很差，基极电流 I_B 的变化不能影响集电极电流 I_C，即 I_C 不再受 I_B 的控制，三极管这时丢失了放大作用。三极管工作在饱和状态时的 U_{CE} 电压称为集电极与发射极之间的饱和压降，用 U_{CES} 表示。小功率三极管 U_{CES} 很小，硅管约 0.3 V 左右，锗管约 0.1 V 左右，并且它随 I_C 的增加而略有增加。

截止区：在输出特性中，$I_B = 0$ 的那条曲线与横坐标轴之间所夹的区域称为截止区。在截止区，三极管各极电流基本为零，各极之间如同断开一样，处于截止状态而没有放大作用。

放大区：在三极管输出特性曲线中，除去饱和区与截止区，余下的部分称为放大区，也就是特性曲线比较平坦的部分。

在放大区，$U_{CE}>U_{BE}$，三极管的发射结处于正偏，集电结处于反偏。这时集电极电流 I_C 受基极电流 I_B 的控制，并且遵循 $I_C=\beta I_B$ 的规律，这就是三极管具有放大作用。在放大区，当 I_B 恒定时，I_C 基本不变，I_C 随 U_{CE} 的变化很小，这称为三极管的恒流特性。

三、三极管的主要参数

1. 电流放大系数

共发射极直流电流放大系数 $\bar{\beta}$ 和共发射极交流电流放大系数 β，这两个参数已在前面提到。对于性能良好的三极管，$\bar{\beta}$ 和 β 近似相等，由于 $\bar{\beta}$ 易于测量，因此常用 $\bar{\beta}$ 代替 β，且都用 β 表示。

2. 穿透电流 I_{CEO}

穿透电流指基极开路（$I_B=0$）时，集电极与发射极之间的反向电流。I_{CEO} 随温度升高而增大，由于硅管的 I_{CEO} 比锗管的小得多，因此硅管的热稳定性比锗管好。

3. 反向击穿电压 $U_{(BR)CEO}$

反射击穿电流指基极开路时，加在集电极与发射极之间的最大允许电压。

4. 集电极最大允许电流 I_{CM}

集电极最大允许电流指三极管正常工作时，集电极所允许的最大电流，如果 $I_C>I_{CM}$，不但 β 会明显下降，还有可能损坏三极管。三极管的三种工作状态见表 5-1-2。

表 5-1-2　三极管的三种工作状态

状态项目	直流偏置	u_{BE}	i_C	u_{CE}
放大状态	发射结正偏 集电结反偏	硅管 0.6～0.7 V 锗管 0.2～0.3 V	$\Delta i_C=\beta\Delta i_B$ 受控（电流放大作用） i_B 一定时，i_C 恒定-恒流特性	$u_{CE}>u_{BE}$
饱和状态	发射结正偏 集电结正偏	硅管 ≥0.7 V 锗管 ≥0.3 V	$\Delta i_C\neq\beta\Delta i_B$ 不受控（无电流放大作用） i_C 随 u_{CE} 极具增大	$u_{CE}\leqslant u_{BE}$
截止状态	发射结反偏 集电结反偏	$\leqslant U_{on}$	$i_B=0$；$\beta i_B=0$；$i_C\approx 0$	$u_{CE}\approx V_{CC}$

5. 集电极最大允许耗散功率 P_{CM}

集电极最大允许耗散功率指三极管正常工作时，集电极所允许的最大耗散功率。

P_{CM} ≤1 W 的称为小功率管，P_{CM} >1 W 的称为大功率管。P_{CM} 的大小与环境温度有密切关系，温度越高，则 P_{CM} 值越小。对于大功率管，常在管子上加散热器或散热片。

知识拓展

三极管的简易测试：

三极管的特征和参数可以用晶体管特性图示仪和专门的测试仪表进行测试。另外，在实际工作中还常用万用表对三极管的好坏和性能进行简易测试。

1. 检查三极管 PN 结的好坏

三极管是由两个 PN 结组成的。根据管子的型号查明电极位置，然后通过用万用表测极间电阻可检查 PN 结构的好坏。

测试时使用万用表 $R\times100$ 或 $R\times1$ k 挡。硅管的两个 PN 结正向电阻为几百欧到几千欧（表针指示在表盘中间或偏右一点），反向电阻应很大，在 500 kΩ 以上（表针基本不动）。锗管的正、反向电阻值比硅管相应小些。

如果测出的 PN 结正、反向电阻差不多，都很大或都很小，则表明三极管内部断路或短路，已经损坏。

2. 三极管性能的测试

1）穿透电流 I_{CEO} 的测试

I_{CEO} 是指基极开路，集电极与发射极之间加反向电压时产生的集电极电流，由于 I_{CEO} 是在 $I_B=0$ 时，从集电区穿过基区到达发射区的电流，所以又称三极管的穿透电流。I_{CEO} 是衡量三极管质量的重要参数，I_{CEO} 越大，管子的温度稳定性越差，噪声也越大，所以要求三极管的 I_{CEO} 越小越好。

用万用表电阻挡 $R\times100$ 或 $R\times1$ k 测量三极管集电极、发射极间的电阻（NPN 管黑表笔接集电极，红表笔接发射极），如果电阻太小，说明 I_{CEO} 太大。

测 PNP 管时，应将表笔的极性反过来测量，即红表笔接集电极，黑表笔接发射极。

2）三极管电极的判别

有时手头没有半导体器件手册，又不知道三极管电极引线对应的是哪个电极，这时可以用万用表 $R\times100$ 或 $R\times1$ k 挡来判别，方法如下：

（1）基极和管型的判别（图 5-1-8）。

测量时，用一表笔接在假设的基极上，用另一表笔分别接到另外两个电极上。若测得的阻值均很小或均很大，把两表笔互换一下，再重复上述测试，若测得的阻值相反，即均很大或均很小，则原来假设的基极是正确的。否则，假设的基极是错误的，应重新假设再做测试。

如果用万用表的红表笔接基极，黑表笔分别接另外两个电极，测得阻值都很大，则此管是 NPN 型；反之，如果都是低电阻，则此管是 PNP 型。

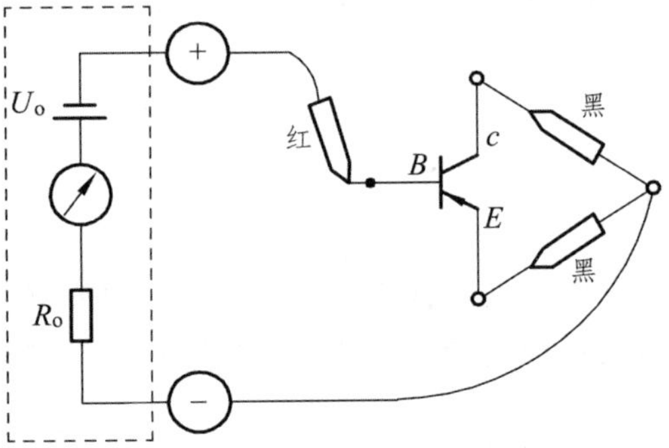

图 5-1-8　基极和管型的判别

（2）发射极的判别。

确定出基极和管子类型后,我们可以用测穿透电流 I_{CEO} 的方法确定集电极 C 和发射极 E。

对于 NPN 型三极管，穿透电流的测量电路如图 5-1-9 所示。根据这个原理，用万用电表的黑、红表笔颠倒测量两极间的正、反向电阻 R_{CE} 和 R_{EC}，虽然两次测量中万用表指针偏转角度都很小，但仔细观察，总会有一次偏转角度稍大，此时电流的流向一定是：黑表笔→C 极→B 极→E 极→红表笔，电流流向正好与三极管符号中的箭头方向一致（“顺箭头”），所以此时黑表笔所接的一定是集电极 C，红表笔所接的一定是发射极 E。

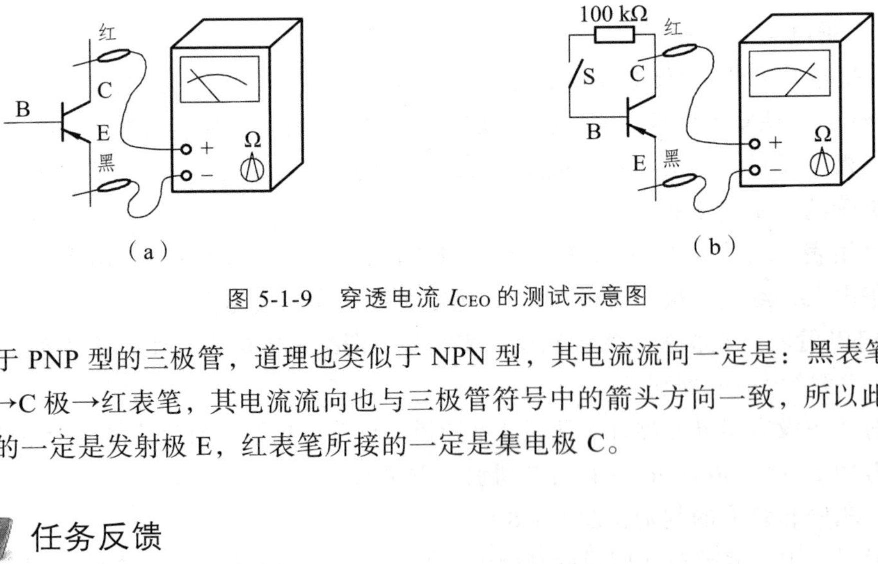

图 5-1-9　穿透电流 I_{CEO} 的测试示意图

对于 PNP 型的三极管，道理也类似于 NPN 型，其电流流向一定是：黑表笔→E 极→B 极→C 极→红表笔，其电流流向也与三极管符号中的箭头方向一致，所以此时黑表笔所接的一定是发射极 E，红表笔所接的一定是集电极 C。

任务反馈

（1）晶体管工作在饱和区时发射结________偏；集电结________偏。

（2）三极管的发射结和集电结都正向偏置或反向偏置时，三极管的工作状态分别是________和________。

（3）若一晶体三极管在发射结加上反向偏置电压，在集电结上也加上反向偏置电压，则这个晶体三极管处于________状态。

（4）由万用表测得 PNP 晶体管三个电极的电位分别是 $V_C = 6$ V，$V_B = 0.7$ V，$V_E = 1$ V，则晶体管工作在（　　）状态。

A. 放大　　B. 截止　　C. 饱和　　D. 损坏

（5）三极管工作在截止区，要求（　　）。

A. 发射结正偏，集电结正偏　　B. 发射结正偏，集电结反偏

C. 发射结反偏，集电结正偏　　D. 发射结反偏，集电结反偏

（6）NPN 型三极管三个极电位分别有 $V_C = 3.3$ V，$V_E = 3$ V，$V_B = 3.7$ V，则该管工作在（　　）。

A. 饱和区　　B. 截止区　　C. 放大区　　D. 击穿区

（7）如果三极管工作在饱和区，两个 PN 结状态（　　）。

A. 均为正偏　　B. 均为反偏

C. 发射结正偏，集电结反偏　　D. 发射结反偏，集电结正偏

（8）有万用表测得 PNP 晶体管三个电极的电位分别是 $V_C = 6$ V，$V_B = 0.7$ V，$V_E = 1$ V，则晶体管工作在（　　）状态。

A. 放大　　B. 截止　　C. 饱和　　D. 损坏

任务 5.2　放大电路

知识与技能

（1）了解放大电路的组成。

（2）掌握放大电路的工作原理。

（3）共发射极放大电路的分析。

5.2.1　共发射极基本放大电路的分析

任务导航

图 5-2-1 所示为声音信号放大的过程。送话器输出的微弱电信号，经放大器将信号放大后，从输出端送出较强的电信号，驱动扬声器发出足够大的声音，扩音器就是放大器的典型应用。可见，放大器的功能是把微弱的电信号放大成较强的电信号。

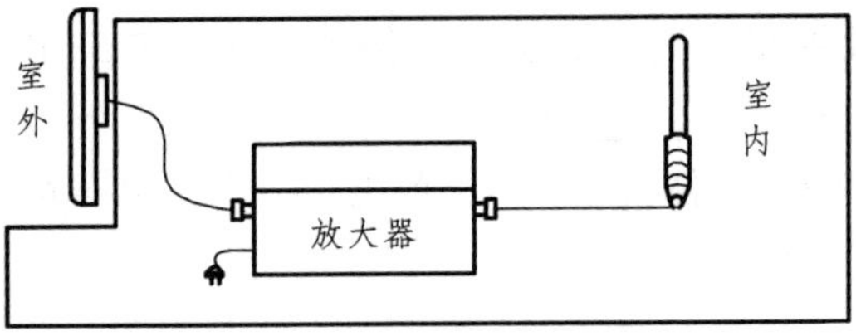

图 5-2-1　声音信号放大过程

放大器实质上是一种能量转换器，它的能量来源于直流电源。

放大电路是模拟电子技术中最基本、最核心的部分。上述放大的是音频信号，所谓“音频”就是人们所能听到的频率范围，即 20 Hz ~ 20 kHz，一般称它为低频信号。放大低频信号的放大电路称为低频放大器。将微弱的输入电压信号放大到足够的幅值的放大器称为电压放大器。如果放大器用作功率放大以输出负载所需要的功率，则称该放大器为功率放大器。

放大器按构成元件分为分立元件的放大器和集成放大器。

1. 三极管放大电路作用

对输入三极管微弱信号进行放大，输出较强的电流或电压信号。

2. 三极管放大电路种类

（1）共基极放大电路。
（2）共发射极放大电路。
（3）共集电极放大电路。

3. 三极管的电极与信号输入、输出关系

基极：只能作信号输入极。
集电极：只能作信号的输出极。
发射极：既能作信号输入极，又能作信号输出极。

知识加油站

一、共发射极基本放大电路

图 5-2-2 为共发射极基本放大电路，整个电路分成输入回路和输出回路两部分。基极与发射极构成的回路称为输入回路，集电极与发射极构成输出回路。在实际电路中基极回路不必使用单独电源，而是通过基极电阻 R_b 直接取自集电极电源来获得基极工作电压。

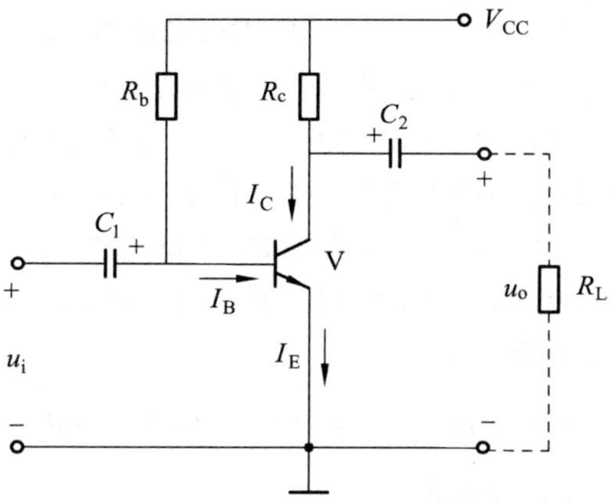

图 5-2-2　共发射极放大电路

三极管 V 工作在放大状态，起电流放大作用。

基极偏置电阻 R_b 又叫偏流电阻，其作用是使电源 U_G 提供的基极电流 I_B 为某一适当值，以保证三极管有比较合适的工作状态，一般为几十千欧到几百千欧。

直流电源 U_G 有两个作用，一是为三极管提供发射结正偏、集电结反偏所需的电压，二是为放大电路提供能源。

集电极电阻 R_c 又称集电极负载电阻，其作用是把三极管的电流放大转变为电压放大。很明显，若 $R_c = 0$，则输出端的电压始终等于电源电压，电路没有电压放大作用。一般为几千欧到十几千欧。

耦合电容 C_1、C_2 的作用是传输交流信号并隔断直流电源与信号源之间及隔断直流与负载之间的直流通路。C_1 和 C_2 容量较大，一般选用电解电容。

二、共发射极基本放大电路工作原理

1. 静态工作点

无交流信号输入时，放大电路的直流状态称为静态，如图 5-2-3 所示。这时三极管的直流电压和直流电流统称为静态工作点 Q，通常写为 I_{BQ}，I_{CQ}，U_{CEQ} 等。放大电路设置静态工作点的目的是给三极管的发射结预先加上一适当的正向电压，即预先给基极提供一定的偏流以保证在输入信号的整个周期中放大电路都工作在放大状态，避免信号在放大过程中产生失真。

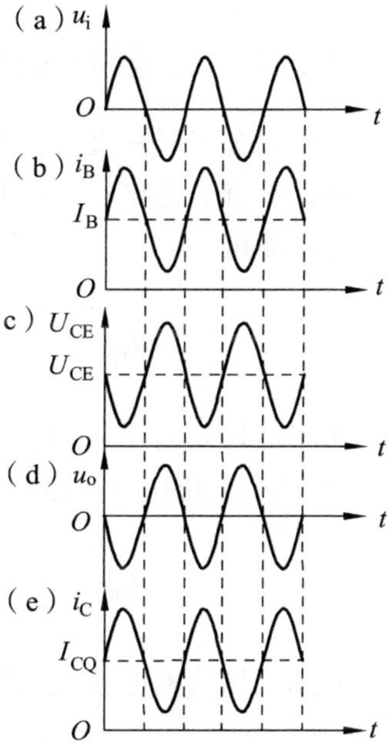

图 5-2-3　放大电路工作原理

2. 工作原理

在图 5-2-2 所示电路中，设交流信号 u_i 通过电容 C_1 加到基极，基极电压和基极电流将发生变化，基极总电流 $i_B = i_{BQ} + i_i$，波形图如图 5-2-3 所示。可以看出 i_B 是由两个电流合成的，一个是静态基极电流 I_{BQ}，另一个是输入交流信号 i_i。

由于三极管的电流放大作用，在集电极上获得了等于 $i_i\beta$ 的交流电流 i_C。它加到集电极静态电流 I_{CQ} 上，所以集电极电流总的瞬时值 $i_C = I_{CQ} + i_C$，波形图如图 5-2-3（e）所示。可以看出 i_C 比 I_B 大很多倍，这就是三极管的电流放大作用。

集电极总电流 i_C 流过集电极电阻 R_C 时，将产生压降（$I_{CQ} + i_C$）R_C。这样可以求出放大电路输出电压的总瞬时值 u_{CE}，即

$$u_{CE} = U_G - (I_{CQ} + i_C) R_C = U_G - I_{CQ}R_C - i_CR_C$$

而 $$U_{CEQ} = U_G - I_{CEQ}R_C$$

得 $$u_{CE} = U_{CEQ} - i_CR_C = U_{CEQ} + (-i_CR_C)$$

由此可见，集电极与发射极间的总电压由两部分组成，其中 U_{CEQ} 为直流电压，$-i_CR_C$ 为交流电压，波形图如图 5-2-3（c）。由于电容 C_2 的隔直通交作用，所以放大器的输出电压只有交流部分，即

$$U_o = -i_CR_C$$

因为 $i_C = \beta i_i$，所以 u_o 远大于 u_i，这就是三极管的电压放大作用。式中负号表示输出电压与输入电压相位刚好相反，这种性质称为共发射极放大电路的反相作用。输出电压波形见图 5-2-3（d）。

三、共发射极基本放大电路的分析（估算法）

由于静态只研究直流，为方便起见，可根据直流通路进行分析。因电容具有隔直作用，所以画直流通路时，断开有电容的支路即可。图 5-2-2 电路的直流通路如图 5-2-4 所示。由图可得

$$I_{BQ} = \frac{U_G - U_{BEQ}}{R_b}$$

由于三极管的 U_{BEQ} 很小（硅管约为 0.7 V，锗管约为 0.3 V），与 U_G 相比可忽略不计，所以

$$I_{BQ} = \frac{U_G}{R_b}$$

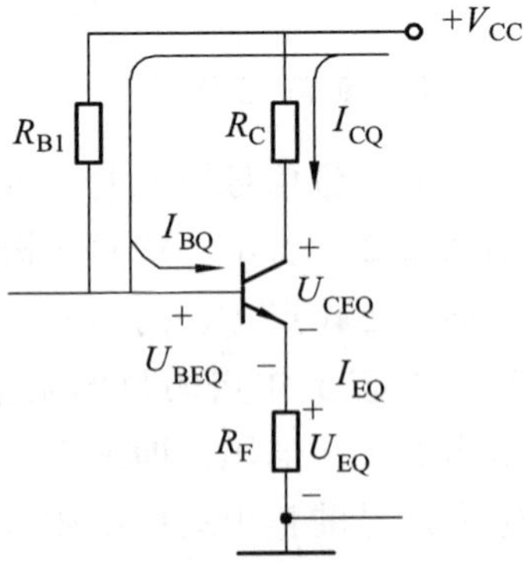

图 5-2-4　直流通路

根据三极管的电流放大原理，静态时的集电极电流为

$$I_{CQ} \approx \beta I_{BQ}$$

用基尔霍夫第二定律可求得静态时集电极和发射极间的电压为

$$U_{CEQ} = U_G - I_{CQ}R_c$$

知识拓展

三极管的电极与信号输入、输出关系：

基极：只能作信号输入极。

集电极：只能作信号的输出极。

发射极：既能作信号输入极，又能作信号输出极。

任务反馈

（1）放大电路中，测得三极管三个电极电位为 $U_1 = 6.5$ V，$U_2 = 7.2$ V，$U_3 = 15$ V，则该管是________类型管子，其中________极为集电极。

（2）已知下列三极管各个极的电位，则处于放大状态的三极管是（　　）。

A. $V_C = 0.3$ V，$V_E = 0$ V，$V_B = 0.7$ V

B. $V_C = -4$ V，$V_E = -7.4$ V，$V_B = -6.7$ V

C. $V_C = 6$ V，$V_E = 0$ V，$V_B = -3$ V

D. $V_C = 2$ V，$V_E = 2$ V，$V_B = 2.7$ V

（3）工作在放大区的某三极管，如果当 I_b 从 12 μA 增大到 22 μA 时，I_c 从 1 mA 变为 2 mA，那么它的 β 约为（　　）。

A.　83　　　　B.　91　　　　C.　100

（4）工作于放大状态的 PNP 管，各电极必须满足（　　）

A. $U_c>U_b>U_e$　　　　B. $U_c<U_b<U_e$

C. $U_b>U_c>U_e$　　　　D. $U_c>U_e>U_b$

5.2.2　静态工作点的稳定

任务导航

温度扫描分析用来研究温度变化对电路性能的影响。通常仿真温度是 27 °C，温度扫描分析相当于在不同的环境温度下进行多次仿真。影响静态工作点（Q 点）稳定性的因素很多，例如电路参数变化，管子老化等，其中最主要的因素是温度的影响。为了研究 Q 点随温度的变化，对 Q 点进行了温度扫描分析，得到不同温度下晶体管的结点电位。绘制出 U_{CE} 和 U_{BE} 随温度变化的曲线如图 5-2-5 所示。

通过前面的讨论知道，静态工作点 Q 的位置是否合适，对放大电路是很重要的，它不仅关系到是否产生波形失真，而且对放大倍数、输入电阻等参数也有很大影响。所以，在设计和调试放大器时必须安排一个合适的静态工作点，并且要保证静态工作点的位置稳定。

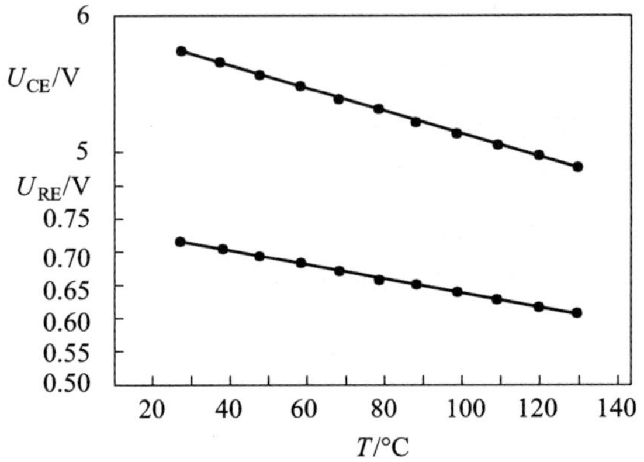

图 5-2-5　晶体三极管 U_{CE} 和 U_{BE} 随温度变化的曲线图

放大器在工作时环境温度、电路参数的变化和电源电压的波动等都会影响静态工作点，使静态工作点的位置发生变化，从而影响放大器的正常工作。其中温度变化是影响静态工作点稳定的主要原因。

下面通过固定偏置单管放大电路讨论温度变化对静态工作点的影响。

知识加油站

一、温度变化对静态工作点的影响

由于三极管内部载流子的运动受温度的影响，所以当环境温度变化时，其参数均会发生变化。如温度升高，I_{BQ} 将随温度的升高而增大，故 $I_{CQ}=\beta I_{BQ}+I_{CEQ}$ 也将随温度的升高而增大。为了稳定静态工作点，除了选用质量好的三极管以外，还应采用具有稳定作用的偏置电路。

二、静态工作点的稳定

放大电路在实际工作时常常要受到外界的影响，特别是温度变化，很容易引起静态工作点的移动，严重时会使放大器不能正常工作。因此，如何使设置好的静态工作点保持稳定，是一个很重要的问题。

1. 静态工作点的稳定原理

图 5-2-6 是常见的能稳定静态工作点的分压式射极偏置放大电路。图中 R_{b1} 和 R_{b2} 组成分压电路，供给基极偏流。发射极电路中串接了电阻并增加了发射极交流旁路电容。

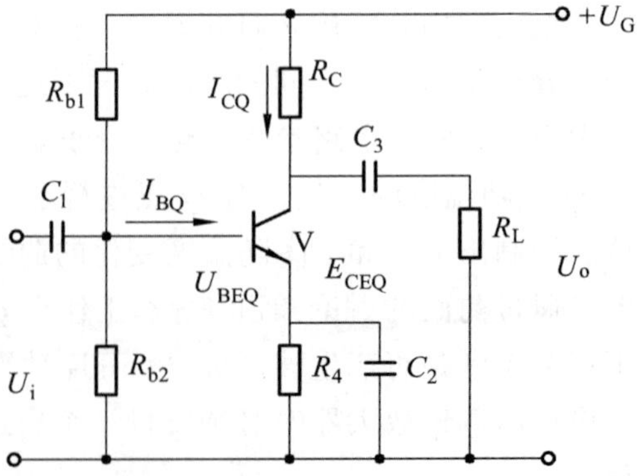

图 5-2-6　稳定工作点电路

由图 5-2-6 可知，$I_1 = I_2 + I_{BQ}$，当 $I_{BQ} << I_1$ 可忽略时，就可认为 $I_1 \approx I_2$。这样，三极管基极电压 U_{BQ} 就可认为是固定不变的，即

$$U_{BQ} = \frac{R_{b2}}{R_{b1} + R_{b2}} U_G$$

上式表明，三极管的基极电位由 R_{b1} 和 R_{b2} 的分压比决定。一旦 R_{b1}，R_{b2} 和 U_G 确定后，三极管的 U_{BQ} 也就确定，而与三极管参数无关，不受温度影响。

图 5-2-6 中 R_4 使发射极获得电位 $U_{EQ} = I_{EQ} R_e$。设由于温度升高引起 I_{CQ} 增大，R_e 两端的电压 U_{EQ} 也随着增大。但由于 $U_{BQ} = U_{BEQ} + U_{EQ}$，且为常数，所以 U_{EQ} 的增大必然使 U_{BEQ} 减小，导致 I_{BQ} 和 I_{CQ} 下降，从而稳定了静态工作点。其稳定过程如下：

$$\text{温度}\uparrow \to I_{CQ}\uparrow \to I_{EQ}\uparrow \to U_{EQ}\uparrow \to U_{BEQ}\downarrow \to I_{BQ}\downarrow \to I_{CQ}\downarrow$$

将上述输出回路的电流变化，反映到输入回路，从而使之做相应的变化的方式称为电流负反馈。

2. 静态工作点的计算

具有分压式电流负反馈偏置的放大电路，在元件参数已知时，静态工作点近似计算方法如下：

（1）静态基极电压 U_{BQ}：

$$U_{BQ} = U_{CC} \frac{R_{b2}}{R_{b1} + R_{b2}}$$

（2）静态集电极电流 I_{CQ}：

$$I_{CQ} \approx I_{EQ} = \frac{U_{BQ} - U_{BEQ}}{R_e}$$

（3）静态管压降 U_{CEQ}：

$$U_{CEQ} = U_{CC} - I_{CQ} R_e - I_{EQ} R_e \approx U_{CC} - I_{CQ}(R_c + R_e)$$

（4）静态基极电流 I_{BQ}：

$$I_{BQ} = \frac{I_{CQ}}{\beta}$$

知识拓展

偏置电路

三极管在实际的放大电路中使用时，还需要加合适的偏置电路，有几个原因：

首先是由于三极管 BE 结的非线性（相当于一个二极管），基极电流必须在输入电压大到一定程度后才能产生（对于硅管，常取 0.7 V）。当基极与发射极之间的电压小于 0.7 V 时，基极电流就可以认为是 0。但实际中要放大的信号往往远比 0.7 V 要小，如果不加偏置的话，这么小的信号就不足以引起基极电流的改变（因为小于 0.7 V 时，基极电流都是 0）。如果我们事先在三极管的基极上加上一个合适的电流（叫作偏置电流，图 5-2-6 中那个电阻 R_b 就是用来提供这个电流的，所以它被叫作基极偏置电阻），那么当一个小信号跟这个偏置电流叠加在一起时，小信号就会导致基极电流的变化，而基极电流的变化，就会被放大并在集电极上输出。

另一个原因就是输出信号范围的要求，如果没有加偏置，那么只有对那些增加的信号放大，而对减小的信号无效（因为没有偏置时集电极电流为 0，不能再减小了）。而加上偏置，事先让集电极有一定的电流，当输入的基极电流变小时，集电极电流就可以减小；当输入的基极电流增大时，集电极电流就增大。这样减小的信号和增大的信号都可以被放大了。

三极管的饱和情况。因为受到电阻 R_c 的限制（R_c 是固定值，那么最大电流为 U/R_c，其中 U 为电源电压），集电极电流是不能无限增加下去的。当基极电流的增大，不能使集电极电流继续增大时，三极管就进入了饱和状态。一般判断三极管是否饱和的准则是：$I_b \times \beta > I_c$。进入饱和状态之后，三极管的集电极跟发射极之间的电压将很小，可以理解为一个开关闭合了。这样我们就可以拿三极管来当作开关使用：当基极电流为 0 时，三极管集电极电流为 0（这叫作三极管截止），相当于开关断开；当基极电流很大，以至于三极管饱和时，相当于开关闭合。如果三极管主要工作在截止和饱和状态，那么这样的三极管我们一般把它叫作开关管。

如果将电阻 R_c 换成一个灯泡，那么当基极电流为 0 时，集电极电流为 0，灯泡灭。如果基极电流比较大时（大于流过灯泡的电流除以三极管的放大倍数 β），三极管就饱和，相当于开关闭合，灯泡就亮了。由于控制电流只需要比灯泡电流的 $1/\beta$ 大一点就行了，所以就可以用一个小电流来控制一个大电流的通断。如果基极电流从 0 慢慢增加，那么灯泡的亮度也会随着增加（在三极管未饱和之前）。

但是在实际使用中要注意，在开关电路中，饱和状态若在深度饱和时会影响其开关速度，饱和电路在基极电流乘放大倍数等于或稍大于集电极电流时是浅度饱和，远大于集电极电流时是深度饱和。因此我们只需要控制其工作在浅度饱和工作状态就可以提高其转换速度。

对于 PNP 型三极管，分析方法类似，不同的地方就是电流方向跟 NPN 的刚好相反，因此发射极上面那个箭头方向也反了过来——变成朝里的了。

任务反馈

（1）放大电路中，测得三极管三个电极电位为 $U_1 = 6.5$ V，$U_2 = 7.2$ V，$U_3 = 15$ V，

则该管是______类型管子，其中_____极为集电极。

（2）有万用表测得 PNP 晶体管三个电极的电位分别是 $V_C = 6$ V，$V_B = 0.7$ V，$V_E = 1$ V 则晶体管工作在（　　）状态。

A. 放大　　B. 截止　　C. 饱和　　D. 损坏

任务 5.3　晶闸管

知识与技能

（1）晶闸管的结构和型号。

（2）晶闸管的工作原理。

（3）晶闸管的主要参数。

5.3.1　晶闸管

任务导航

无线电小组的同学们完成了晶闸管交流电压调压器的制作与调试。接着，老师对大家提出的有关晶闸管的特性及应用方面的问题进行了答疑，并与同学们一起展开了讨论。

学生：老师，我们是第一次使用晶闸管，对它还不太熟悉，您能不能给我们简单说说晶闸管的结构特点呢？

老师：晶闸管又叫可控硅。自从 20 世纪 50 年代问世以来已经发展成了一个大的家族，它的主要成员有单向晶闸管、双向晶闸管、光控晶闸管、逆导晶闸管、可关断晶闸管、快速晶闸管等。今天大家使用的是单向晶闸管，也就是人们常说的普通晶闸管，它是由四层半导体材料组成的，有三个 PN 结，对外有三个电极：第一层 P 型半导体引出的电极叫阳极 A，第三层 P 型半导体引出的电极叫控制极 G，第四层 N 型半导体引出的电极叫阴极 K。从晶闸管的电路符号可以看到，它和二极管一样是一种单方向导电的器件，关键是多了一个控制极 G，这就使它具有与二极管完全不同的工作特性。

知识加油站

晶闸管是硅晶体闸流管的简称，是一种可控制的硅整流器件，也称为可控硅（SCR）。它是一种大功率半导体器件，广泛应用于可控整流，无触点继电器、交流调压、电动机速度控制等。

一、晶闸管的外形和符号

晶闸管的外形有塑封式（小功率）、平板式（中功率）和螺栓式（中、大功率）几种，如图 5-3-1（a）所示。平板式和螺栓式晶闸管使用时固定在散热器上。图 5-3-1（b）所示为普通（单向）晶闸管的图形符号，它是在二极管符号的基础上又增加了一个控制极，表示其特性相当于一只带有控制端的特殊二极管。

（a）外形

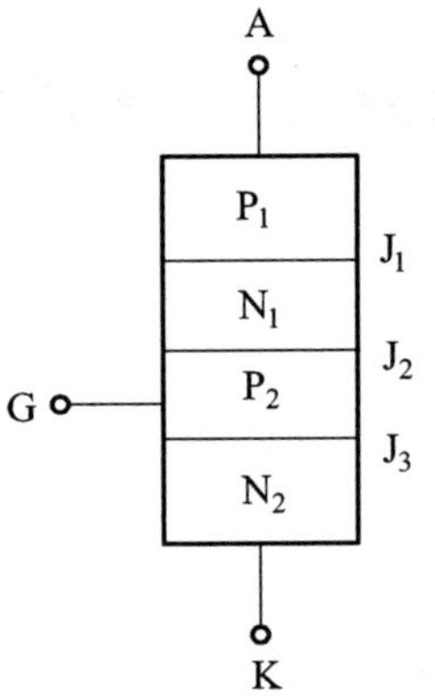

（b）结构

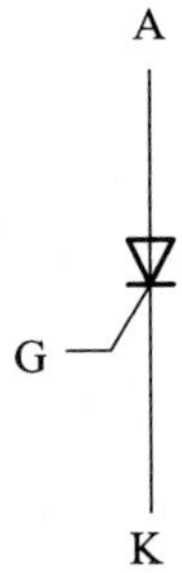

（c）电气图形符号

图 5-3-1　晶闸管的外形、结构和电气图形符号

二、晶闸管的工作特性

晶闸管的工作特性可通过如图 5-3-2 所示的实验加以说明。图中晶闸管阳极 A、阴极 K、灯泡 HL 和电源 GB1 构成主回路，控制极 G、阴极 K、开关和电源 GB2 构成控制回路。观察实验现象，可以发现晶闸管工作有以下特点：

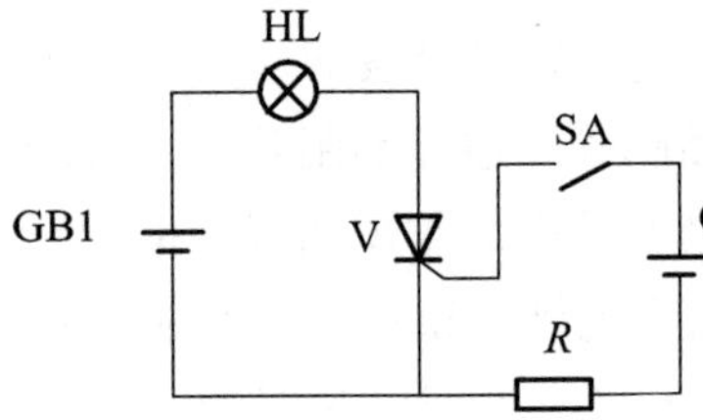

（a）正向阻断

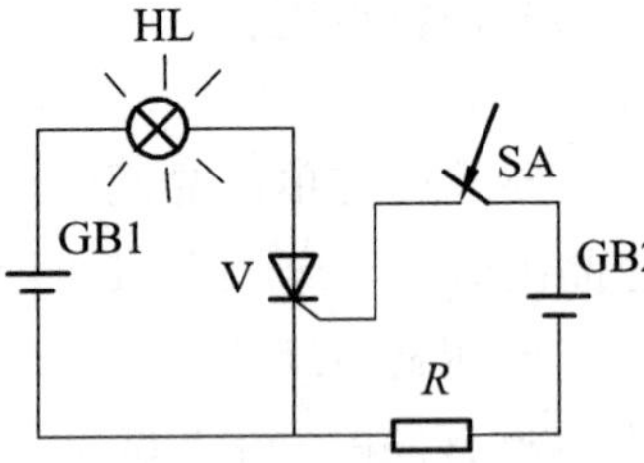

（b）触发导通

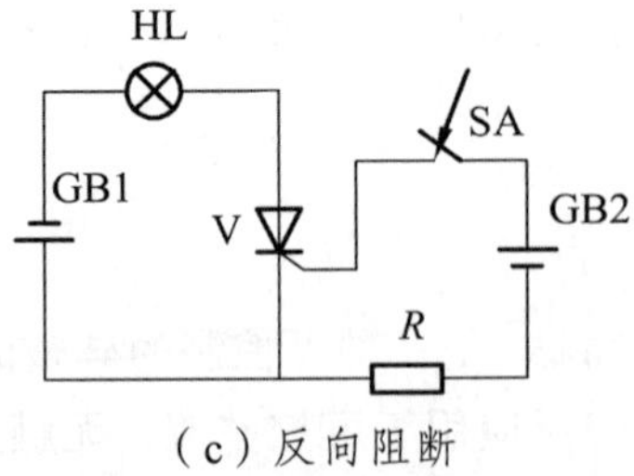

（c）反向阻断

图 5-3-2　晶闸管工作特性实验

1. 正向阻断

如图 5-3-2（a）所示，晶闸管加正向电压，而控制极不加正向电压，灯不亮。这种状态称为正向阻断。

2. 触发导通

如图 5-3-2（b）所示，晶闸管加正向电压，使控制极和阴极之间也加上正向电压（称为触发电压），闭合开关 SA，这时灯亮，说明晶闸管已导通。这种状态称为触发导通。

3. 维持导通

晶闸管一旦导通后，维持阳极电压不变，断开触发电压（即断开开关 SA），灯仍亮，说明晶闸管仍然导通。这种状态称为维持导通。

4. 反向阻断

如图 5-3-2（c）所示，晶闸管加反向电压，这时不论是否加控制电压，也不论控制极所加是正向电压还是反向电压，灯都不亮，晶闸管都不导通。这种状态称为反向阻断。

知识拓展

晶闸管（Thyristor）：晶体闸流管，可控硅整流器（Silicon Controlled Rectifier，SCR）。

1956 年美国贝尔实验室（Bell Lab）发明了晶闸管；1957 年美国通用电气公司（GE）开发出第一只晶闸管产品；1958 年商业化，开辟了电力电子技术迅速发展和广泛应用的崭新时代；20 世纪 80 年代以来，开始被性能更好的全控型器件取代；能承受的电压和电流容量最高，工作可靠，在大容量的场合具有重要地位。

晶闸管往往专指晶闸管的一种基本类型——普通晶闸管。广义上讲，晶闸管还包括其许多类型的派生器件。

外形有螺栓型和平板型两种封装：

引出阳极（Anode）A、阴极（Kathode）K 和门极（Gate）（控制端）G 三个连接端。对于螺栓型封装，通常螺栓是其阳极，能与散热器（Radiator）紧密联接且安装方便；平板型封装的晶闸管可由两个散热器（Radiator）将其夹在中间。

任务反馈

（1）普通晶闸管又叫作_____，它有三个电极_____、_____、_____和_____，分别用字母_____、_____、_____和_____表示。

（2）处于阻断状态的晶闸管只要在控制极加触发脉冲，就会变为导通。（正确/错误）

（3）晶闸管有几个电极？

任务 5.4　基本门电路

知识与技能

（1）基本门电路的符号。

（2）基本门电路的逻辑关系。

（3）基本门电路的逻辑表达式。

5.4.1　基本门电路

任务导航

数字电路中往往用输入信号表示“条件”，用输出信号表示“结果”，而条件与结果之间的因果关系称为逻辑关系，能实现逻辑关系的数字电路称为逻辑门电路。基本的逻辑关系有：与逻辑、或逻辑、非逻辑，与之相应的基本逻辑门电路有与门、或门、非门。

在数字电路中，通常用电位的高、低去控制门电路，输入与输出信号只有两种状态：高电平状态和低电平状态。规定用 1 表示高电平状态、用 0 表示低电平状态时称为正逻辑，反之为负逻辑。若无特殊说明本书一律采用正逻辑。

知识加油站

基本逻辑运算有与、或、非运算，对应的基本逻辑门有与、或、非门。本节介绍简单的二极管门电路和 BJT 反相器（非门），作为逻辑门电路的基础。用电子电路来实现逻辑运算时，它的输入、输出量均为电压（以 V 为单位）或电平（用 1 或 0 表示）。

通常将门电路的输入量作为条件，输出量作为结果。

一、二极管与门及或门电路

1.“与”门电路

当门电路的输入与输出量之间能满足与逻辑关系时，则称这样的门电路为与门电路。

图 5-4-1 所示是由半导体二极管组成的与门电路，右边为它的代表符号。其中 A、B、C 为输入端，L 为输出端。输入信号为 + 5 V 或 0 V。

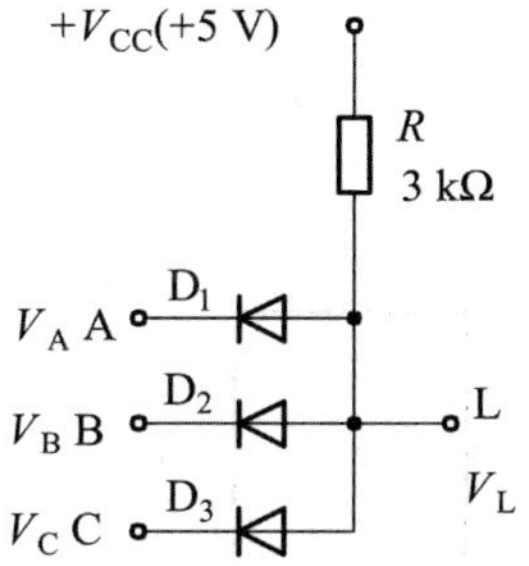

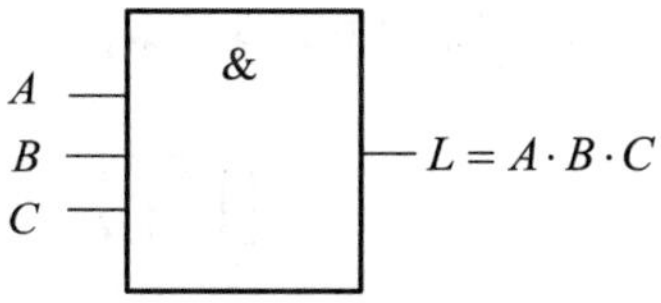

图 5-4-1　二极管与门电路

下面分析当输入信号不同时电路的情况：

（1）若输入端中有任意一个为 0 时，例如 $V_A = 0$ V，而 $V_B = V_C = +5$ V 时，D_1 导通，从而导致 L 点的电压 V_L 被钳制在 0 V。此时不管 D_2、D_3 的状态如何都会有 $V_L \approx 0$ V（事实上 D_2、D_3 受反向电压作用而截止）。

（2）若输入端 A、B、C 都为 0 V 时，D_1、D_2、D_3 均为导通状态，所以输出端 L 点电压 $V_L \approx 0$ V。

由此可见，与门几个输入端中，只有加低电压输入的二极管才导通，并把 L 钳制在低电压（接近 0 V），而加高电压输入的二极管都截止。

（3）输入端 A、B、C 都处于高电压+5 V，这时，D_1、D_2、D_3 都截止，所以输出端 L 点电压 $V_L = +V_{CC}$，即 $V_L = +5$ V。如果考虑输入端的各种取值情况，可以得到表 5-4-1。将表 5-4-1 中的 + 5 V 用 1 代替，则可得到真值表。

表 5-4-1　真值表

A	B	C	L
0	0	0	0
0	0	1	0
0	1	0	0
0	1	1	0
1	0	0	0
1	0	1	0
1	1	0	0
1	1	1	1

由表 5-4-1 可见该门电路满足与逻辑关系，所以这是一种与门。输入变量 A、B、C 与输出变量 L 之间的关系满足逻辑表达式 $L = A \cdot B \cdot C$ 。

2.“或”门电路

对图 5-4-2 所示电路可做如下分析：

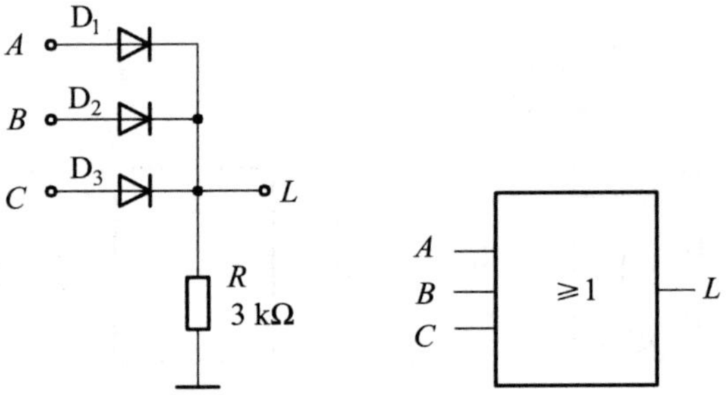

图 5-4-2　二极管或门电路

（1）输入端 A、B、C 都为 0 V 时，D_1、D_2、D_3 两端的电压值均为 0 V，因此都处于截止状态，从而 $V_L = 0$ V。

（2）输入端 A、B、C 都为+5 V 时，D_1、D_2、D_3 均为导通状态，所以输出端 L 点电压 V_L=+5V。

（3）若 A、B、C 中有任意一个为 + 5 V，则 D_1、D_2、D_3 中有一个必定导通。我们注意到电路中 L 点与接地点之间有一个电阻，正是该电阻的分压作用，使得 V_L 处于接近 + 5 V 的高电压（扣除掉二极管的导通电压），D_2、D_3 受反向电压作用而截止，这时 $V_L \approx +5$ V。

将所有情况罗列出来，则可得真值表如表 5-4-2 所示。

表 5-4-2　真值表

A	B	C	L
0	0	0	0
0	0	1	1
0	1	0	1
0	1	1	1
1	0	0	1
1	0	1	1
1	1	0	1
1	1	1	1

由表 5-4-2 可见 A、B、C 与 L 之间满足或逻辑关系，即有：$L = A + B + C$。

二、“非”门电路——BJT 反相器

如图 5-4-3 所示为一基本反相器电路及其逻辑符号。对于饱和型反相器来说，输入信号必须满足下列条件：逻辑 0：$V_i<V_1$；逻辑 1：$V_i>V_2$。

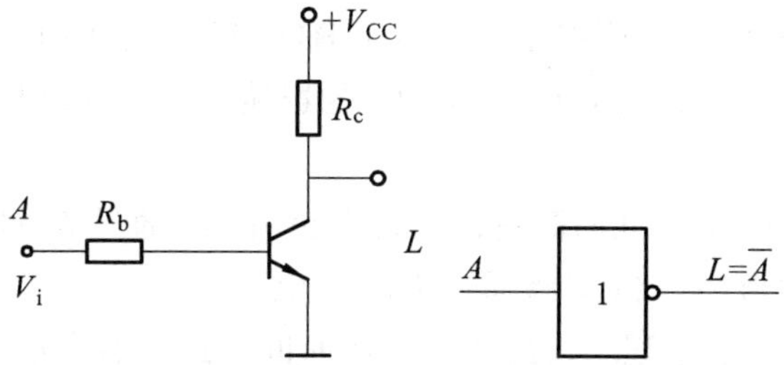

图 5-4-3　三极管非门电路

当输入为逻辑 0 时，BJT 将截止，输出电压将接近于 V_{CC}，即逻辑 1 。

当输入为逻辑 1 时，BJT 将饱和导通，输出电压约为 0.2 ~ 0.3 V，即为逻辑 0。

可见反相器的输出与输入量之间的逻辑关系是非逻辑关系。

虽然利用以上基本的与、或、非门，可以实现与、或、非三种逻辑运算。但是由于它们的输出电阻比较大，带负载的能力差，开关性能也不理想，因此基本的与、或、非门不具有实用性。解决的办法之一是采用二极管与三极管门的组合，组成与非门、或非门，也就是所谓的复合门电路。与非门和或非门在负载能力、工作速度和可靠性方面都大为提高，是逻辑电路中最常用的基本单元。图 5-4-4 给出了复合门电路的一个例子及其逻辑符号和逻辑表达式。

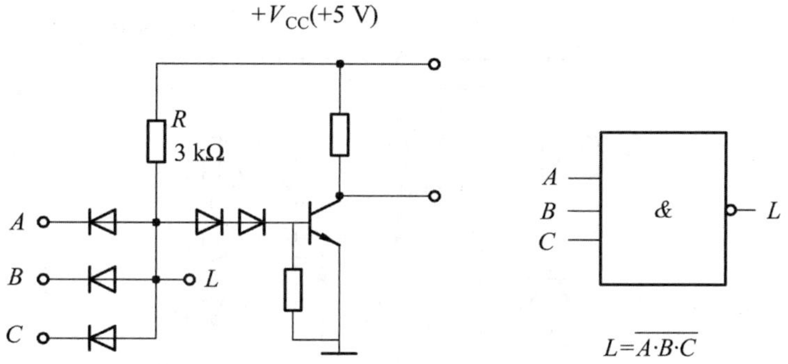

图 5-4-4　复合逻辑门电路

下面将要介绍的是一些切实可用的逻辑门电路。

知识拓展

一、TTL 逻辑门电路

以双极型半导体管为基本元件，集成在一块硅片上，并具有一定的逻辑功能的电路称为双极型逻辑集成电路，简称 TTL 逻辑门电路。

下面首先讨论基本的 BJT 反相器的开关速度不高的原因，再讨论改进的 TTL 反相器和 TTL 逻辑门电路。

基本的 BJT 反相器的动态性能如下：

BJT 开关速度受到限制的原因主要是由于 BJT 基区内存储电荷的影响，电荷的存入和消散需要一定的时间。考虑到负载电容 C_L 的影响后，基本反相器将成为如下图所示的电路。

当反相器输出电压 V_O 由低向高过渡时，电路由 V_{CC} 通过 R_c 对 C_L 充电。

当 V_O 由高向低过渡时，C_L 又将通过 BJT 放电。

这样，C_L 的充、放电过程均需经历一定的时间，这必然会增加输出电压 V_O 波形的上升时间和下降时间。特别是 C_L 充电回路的时间常数 R_cC_L 较大时，V_O 上升较慢，即增加了上升时间。

基于器件内部和负载电容的影响，导致基本 BJT 反相器的开关速度不高。

寻求更为实用的 TTL 电路结构，是下面所要讨论的问题。

二、TTL 反相器的基本电路

由前面的分析已知，带电阻负载的 BJT 反相器，其动态性能不理想。在保持逻辑功能不变的前提下，可以另外增加若干元器件以改善其动态性能，如减少由于 BJT 基区电荷存储效应和负载电容所引起的时延。这需改变反相器输入电路和输出电路的结构，以形成 TTL 反相器的基本电路。如图 5-4-5 所示就是一个 TTL 反相器的基本电路。

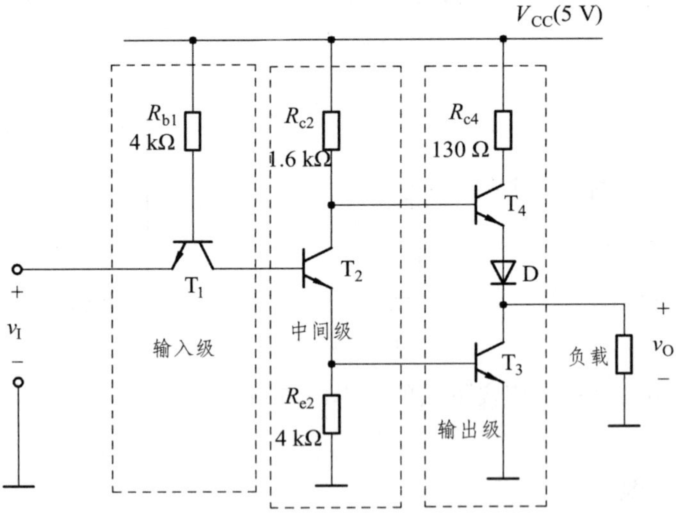

图 5-4-5　TTL 反相器的基本电路

该电路由三部分组成：由三极管 T_1 组成电路的输入级；由 T_3、T_4 和二极管 D 组成输出级；由 T_2 组成的中间级作为输出级的驱动电路，将 T_2 的单端输入信号 V_{I2} 转换为互补的双端输出信号 V_{I3} 和 V_{I4}，以驱动 T_3 和 T_4。

这里主要分析 TTL 反相器的逻辑关系，并估算电路中有关各点的电压，以得到简单的定量概念。

（1）当输入为高电平，如 $V_I = 3.6$ V 时，电源 V_{CC} 通过 R_{b1} 和 T_1 的集电结向 T_2、T_3

提供基极电流，使 T_2、T_3 饱和，输出为低电平，如 $V_0 = 0.2$ V。此时 $V_{B1} = V_{BC1} + V_{BE2} + V_{BE3} =$（0.7 + 0.7 + 0.7）V = 2.1 V。

T_1 的发射结处于反向偏置，而集电结处于正向偏置。所以 T_1 处于发射结和集电结倒置使用的放大状态。由于 T_2 和 T_3 饱和，输出 $V_{C3} = 0.2$ V，同时可估算出 V_{C2} 的值：$V_{C2} = V_{CE2} + V_{B3} =$（0.2 + 0.7）V = 0.9 V。

此时，$V_{B4} = V_{C2} = 0.9$ V。作用于 T_4 的发射结和二极管 D 的串联支路的电压为 $V_{C2} - V_O =$（0.9 − 0.2）V = 0.7 V，显然，T_4 和 D 均截止，实现了反相器的逻辑关系：输入为高电平时，输出为低电平。

（2）当输入为低电平且电压为 0.2 V 时，T_1 的发射结导通，其基极电压等于输入低电压加上发射结正向压降，即：$V_{B1} =$（0.2 + 0.7）V = 0.9 V。

此时 V_{B1} 作用于 T_1 的集电结和 T_2、T_3 的发射结上，所以 T_2、T_3 都截止，输出为高电平。由于 T_2 截止，V_{CC} 通过 R_{C2} 向 T_4 提供基极电流，致使 T_4 和 D 导通，其电流流入负载。输出电压为 $V_O = V_{cc} - V_{BE4} - V_D =$（5 − 0.7 − 0.7）V = 3.6 V。同样也实现了反相器的逻辑关系：输入为低电平时，输出为高电平。

任务反馈

（1）凡在数值上或时间上不变的信号，例如只有高、低电平的矩形波形脉冲信号，称为（　　）。

A. 模拟信号　　B. 数字信号　　C. 直流信号

（2）与门逻辑是________。或门逻辑是________。非门逻辑是________。

知识接力

一、填空题

1. 三极管有两个 PN 结，即________结和________结；有三个电极，即________极、________极和________极，分别用________、________、________和________表示。

2. 三极管有________型和________型，前者的图形符号是________，后者的图形符号是________。

3. 三极管各电极的电流分配关系为________。

4. 三极管的穿透电流 I_{CEO} 随温度的升高而________，由于锗三极管的穿透电流比硅三极管的________，所以________三极管的热稳定性较好。

5. 当三极管的发射结________，集电结________时，工作在放大区；发射结________，集电结________时，工作在饱和区；发射结________，集电结________

时，工作在截止区。

6. 三极管只有工作在________状态，关系式 $I_C=\beta I_B$ 才成立。工作于开关状态的三极管，当它工作于________状态时相当于开关接通，工作于________状态时相当于开关断开。

7. 使导通的晶闸管变为截止，应降低它的________极电压，使阳极电流低于________电流，或在阳极和阴极间加电压。

二、判断题

1. 三极管的电流放大作用，其实质是用一个较小的电流去控制一个较大的电流。（　　）
2. 三极管的发射结正偏时，它必处于放大状态。（　　）
3. 三极管的穿透电流越大，表明其温度稳定性越差。（　　）
4. 用万用表 $R\times1\ \mathrm{k\Omega}$ 挡测三极管，黑表笔接基极，红表笔分别和另外两个电极相接，如果测得的电阻都较小，则为 PNP 型管。（　　）
5. 处于导通状态的晶闸管只要减小阳极电流，就会变为阻断。（　　）
6. 晶闸管导通后，去掉控制电压，则其立即关断。（　　）
7. 非门可以用与非门代替，但与非门不能用非门代替（　　）
8. 在数字电路中，高电平和低电平指的是一定的电压范围，并不是一个固定不变的数值。（　　）

三、选择题

1. NPN 型三极管处于放大状态时，各极电位关系是（　　）。

A. $U_C>U_B>U_E$　　B. $U_C>U_E>U_B$　　C. $U_C<U_B<U_E$

2. 三极管工作在饱和状态的条件是（　　）。

A. 发射结和集电结同时正偏　　B. 发射结和集电结同时反偏

C. 发射结反偏，集电结正偏　　C. 发射结正偏，集电结反偏

3. 晶闸管的导通条件是（　　）。

A. 加正向电压　　B. 加触发信号　　C. 加正向电压的同时加触发信号

4. 在输入电压一定时，对于半控桥式整流电路，提高它输出直流电压的方法是（　　）。

A. 增大控制角　　B. 增大导通角　　C. 增加触发脉冲数

5. 逻辑功能为“全 1 出 0，有 0 出 1”的逻辑门是（　　）。

A. 与非门　　B. 或非门　　C. 非门

四、简答题

1. 测得电路中下列三极管各电极对地电位如题图 5-1 所示，问各三极管处于何种工

作状态（图中 NPN 管为硅管，PNP 管为锗管）？

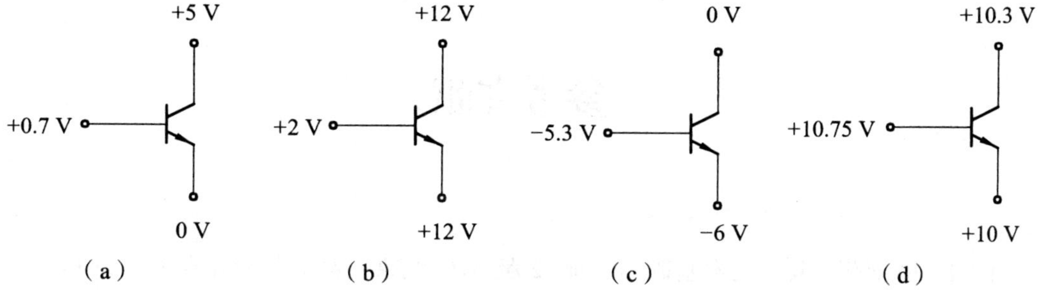

题图 5-1

2. 如何使导通的晶闸管截止？

参考文献

[1] 陈雅萍. 电工技术基础与技能. 2版[M]. 北京：高等教育出版社，2014.

[2] 张金华. 电子技术基础与技能. 2版[M]. 北京：高等教育出版社，2014.

[3] 马祥兴. 电子技术及应用[M]. 北京：中国铁道出版社，2010.

[4] 程周. 电工基础. 2版[M]. 北京：高等教育出版社，2012.

[5] 张仁醒. 电工基本技能实训. 2版[M]. 北京：机械工业出版社，2005.

[6] 石小法. 电子技术[M]. 北京：高等教育出版社，2000.